現代数学への入門　新装版

現代解析学への誘い

現代数学への入門　新装版

現代解析学への誘い

保野 博

岩波書店

まえがき

微分積分法は，単なる計算技法として学ぶ人も少なくないが，学びはじめの頃，無限や極限についての理解不足から思わぬ落とし穴にはまって苦労した経験のある人も多いだろう．微分や積分の背景には，無限や極限の織りなす不可思議で豊かな世界が広がっている．その世界を知ることは，単に微積分の技法に習熟するにとどまらず，現代数学のさまざまな思想を学ぶ重要な足がかりとなるであろう．

微分積分法の基本定理は17世紀後半にニュートン(I. Newton)とライプニッツ(G. W. F. von Leibniz)により独立に発見された．これ以前にも微分や積分の萌芽的な考え方は存在したが，この定理の登場によって初めて微積分の真の意義が明らかになったといえるだろう．これを契機に，まったく新しい数学の流れが始まり，それまで人々が想像もしなかった広大な世界が開けていった．実際，微分積分法の発見は，数千年にわたる数学の歴史の中でも，最も大きな事件の1つであったといって過言でない．

しかしながら，当時はまだ極限の概念がきちんと確立していなかったため，微積分の計算に頻繁に登場する「限りなく小さな量」の意味や，ある操作を無限に繰り返した後に得られる「終極の状態」についての人々の考えは混乱していた．それゆえ，微積分や無限級数の計算に，ときとして深刻な矛盾が生ずることもあった．

古代ギリシャの数学者は，アルキメデス(Archimedes)などの少数の例外を除いて，「無限」や「極限」などの扱いに慎重な姿勢を貫き，できるだけこうした不可思議なものを数学の議論で多用しないようにしていた．これは，哲学的思索にたけた古代ギリシャ人たちが，「無限」を真正面から扱うとさまざまな不合理に直面してしまうことを熟知していたからであろう．微分積分法の創始は，それまで人類が経験したことのない新しい数学に道を開くものであり，哲学的にはやや無謀ともいえる知的冒険に人々を駆り立てていったのである．

18 世紀に入ると，微分積分法はベルヌーイ(Bernoulli)一族やオイラー(L. Euler)をはじめとする多くの人々に受け継がれ，解析学の絢爛たる花が開いた．それとともに，微分積分法は，科学や工学における実用数学としても，不動の地位を築いていった．しかし，極限や無限のもつ意味は依然として曖昧なままで，この不可思議な数学理論がなぜうまく機能するのか誰も説明できなかった．

もし当時の人々が，厳密性にこだわるあまり，論理的基盤のあやふやな微分積分法の運用に過度に慎重になっていたら，今日の数学の発展はなかったであろう．とはいえ，極限や無限などの厄介な問題を，主として直観に頼って処理していた当時の数学は，18 世紀も末になると次第にほころびを見せ始め，大きな危機を迎えることになる．19 世紀に入って始まった，解析学の厳密化に向けての多くの人々の努力が，無限の概念を基本公理の中に大胆に取り入れた現代数学の個性を形作ったともいえる．

本書は，岩波講座『現代数学への入門』の分冊「微分と積分 3」を単行本化したものである．微分積分法の基礎理論を平易かつ体系的に記述することを目指した．随所に歴史的エピソードや背景説明を交えて，微分積分法の成立期から発展期にかけての事情が多少とも伝わるように心掛けた．微分積分法を多少とも学んだことのある読者が，これまでの知識の整理のため，あるいは，より高度の数学を学習するための足掛かりとして，本書を利用していただくことを希望する．その目的にいくらかなりともお役に立てれば，著者として大きな喜びである．

最後になるが，本書を書くにあたって，何人かの数学の専門家・非専門家の方々から貴重なご助言をいただいた．また，岩波書店編集部の皆さんには，辛抱強いご協力を賜わり，大きな助けとなった．この場を借りて謝意を表する次第である．

2004 年 4 月

保 野　　博

学習の手引き

「まえがき」でも述べたように，本書は岩波講座『現代数学への入門』の「微分と積分3」として刊行されたものであり，本来は『微分と積分1,2』の続編と位置づけられていた.『微分と積分1,2』に目を通した読者をとりあえず想定しているが，前2巻と独立に読んでもよい. そのような読者のため，前2巻で既出の用語や概念でも，重要なものはできるだけ本書で改めて説明するよう努めた.

本書の内容は，大まかにいって，

（1） 前2巻で扱った事項の整理と発展

（2） 前2巻にない新しい話題

に分類される. (1)のカテゴリーには，下記の項目が挙げられる.

- §1.2–1.3　陰関数定理・逆関数定理
- §2.1–2.2　長さ，面積，線積分
- §2.3–2.4　グリーンの公式，ガウスの定理
- §3.1–3.2, 3.4　極限，一様収束
- §3.3　ボルツァーノ–ワイエルシュトラスの定理
- 付録A(前半)　リーマン積分

これらの項目についての記述は,『微分と積分1,2』の内容と部分的に重複するが，単純な重複ではなく，本書ではさまざまな重要な概念がさらに整理され，体系的に扱われている.

(2)のカテゴリーには，下記の項目が挙げられる.

- §1.1　不動点，縮小写像の原理
- §3.5　アスコリ–アルツェラの定理
- §3.6　曲線に関わる変分問題
- 付録A(後半)　有界変動関数，スティルチェス積分

- 付録B　距離空間
- 付録C　複雑な図形の次元

これらの項目は，(1)のカテゴリーに劣らず重要なものばかりである．今後読者がより高度の数学を学ぶ際に役立つであろう．

さて，各項目の内容の簡単な説明をしておこう．集合 X からそれ自身の中への写像 F が与えられたとき，$F(x)=x$ を満たす点 $x \in X$ を F の不動点と呼ぶ．与えられた写像が不動点をもつかどうかは，その写像の性質を調べる上で重要な足がかりとなる．第1章では，「縮小写像」と呼ばれるクラスの写像が必ず不動点をもつことを示し，その応用として，さまざまな方程式の解を逐次近似法で求める方法が説明される．また，この原理から一般次元の陰関数定理や逆関数定理が導かれる．

第2章では，長さや面積について『微分と積分1,2』よりも踏み込んだ考察を行ない，ルベーグ測度0の集合の概念も導入する．これにより，解析学の基礎となる長さや面積の基本概念が，より体系的な視点から理解できるようになるだろう．第2章の後半部では，2次元「グリーンの公式」や「ガウスの定理」を，領域の境界線が必ずしも滑らかでない場合も含めてきちんと証明し，次いでこれらの公式の高次元版を扱う．ただし高次元版の証明は，直観的な説明にとどめる．グリーンの公式やガウスの定理は，解析学における最も重要な公式の1つであるから，その精神がよく理解できるよう，十分なページ数を割いた．

第3章では，関数の収束を扱う．関数の収束を論じるためには，数列や級数の収束についてしっかり復習する必要がある．そこで，一部『微分と積分1,2』の内容と重なるが，極限や収束の基本的な事項を前半で解説し直した．第3章後半で取り扱う「アスコリ–アルツェラの定理」は，連続関数の族から一様収束する部分列を取り出せるための条件を与えるものである．この定理は現代解析学のさまざまな分野で役立っている．本書では，光の経路についてのフェルマの原理や測地線などの古典的変分問題にアスコリ–アルツェラの定理を応用する．

付録は3つのテーマからなる．まず付録Aでは，リーマン積分の基礎理論を解説する．リーマン積分の概念は『微分と積分 1』で紹介されているが，区分的に連続な関数がリーマン積分可能であることが証明なしに述べられているだけで，突っ込んだ取り扱いはなされていなかった．本付録ではリーマン積分可能な関数のクラスをきちんと特徴づける．また，有界変動関数やスティルチェス積分の基本性質を説明し，線積分の理論的基礎づけを与える．

次に付録 B では「距離空間」という抽象的な対象を取り上げる．これは，われわれがふだん目にするユークリッド空間や，「曲がった」空間，あるいは関数たちが形作るいわゆる「関数空間」などを包含する非常に広い概念である．この距離空間という広い枠組みの中で，完備性やコンパクト性などの重要な性質を論じる．また，第 3 章で扱ったアスコリ–アルツェラの定理が，ボルツァーノ–ワイエルシュトラスの定理の無限次元版として位置づけられることも説明する．

付録 C では，図形の「次元」について論じる．古来の素朴な次元の概念の拡張として，20 世紀はじめに「被覆次元」と「ハウスドルフ次元」という，まったく異なる 2 つの次元の概念が提唱された．これらの意味について，平易な例を通して解説する．

本書は，前 2 巻の締めくくりとして，微分積分法についての断片的な知識を整理し，体系的な学習を行なうことを目指している．そこで，定理や命題の証明は，なるべく省略せず，完全な形で与えるようにした．そのため，『微分と積分 1』に比べて議論の運び方はかなり精密になっている．ただし，できるだけ平易な語り口になるよう心掛けたので，専門的な語法にあまり慣れていない読者も，読み始めからすぐに戸惑うことはないであろう．また，いろいろな抽象概念を導入する際には，具体的な例を通してその背景や動機を説明した．さらに，歴史的エピソードの記述にもページ数を割き，微分積分法の成立期から発展期にかけての事情が多少とも伝わるようにした．

目　次

数学記号

$\mathbb{N}$	自然数の全体
$\mathbb{Z}$	整数の全体
$\mathbb{Q}$	有理数の全体
$\mathbb{R}$	実数の全体
$\mathbb{C}$	複素数の全体

ギリシャ文字

大文字	小文字	読み方	大文字	小文字	読み方
A	α	アルファ	N	ν	ニュー
B	β	ベータ	Ξ	ξ	クシー
Γ	γ	ガンマ	O	o	オミクロン
Δ	δ	デルタ	Π	π, ϖ	パイ
E	ϵ, ε	イプシロン	P	ρ, ϱ	ロー
Z	ζ	ゼータ	Σ	σ, ς	シグマ
H	η	イータ	T	τ	タウ
Θ	θ, ϑ	シータ，テータ	Υ	υ	ユプシロン
I	ι	イオタ	Φ	ϕ, φ	ファイ
K	κ	カッパ	X	χ	カイ
Λ	λ	ラムダ	Ψ	ψ	プサイ
M	μ	ミュー	Ω	ω	オメガ

1 縮小写像と不動点

夜空に輝く無数の恒星は，地上から眺めると，天球上を1日かけてゆっくり回転する．その回転の中心に位置する北極星は，方角を指し示す重要な目印として太古の昔から人間の生活に役立ってきた．一般に，平面や空間内に広がる点の集まりが，何らかの運動によって座標を絶え間なく変化させているとき，その中につねに同一の座標を保つ点が存在するならば，この点をその運動の不動点と呼ぶ．考えている運動が不動点をもつかどうかを調べることは，ちょうど天球上に北極星の位置を探し求める作業に似て，その運動の詳しい性質を知る上での貴重な足掛かりとなりうる．

数学の世界では，空間内の点の運動は，しばしば「写像」あるいは「写像の族」という言葉で表現される．写像の不動点を求める問題は，それ自体が幾何学的に興味深いテーマであるが，同時に幅広い応用を有している．例えば，そのままでは解くのが困難な複雑な連立方程式や微分方程式なども，これを何らかの写像の不動点を求める問題として設定し直してみると，幾何学的意味合いが鮮明になって，見通しよく取り扱えることがある．

本章では，応用上とくに重要な，縮小写像の不動点について論じる．また，その結果を用いて，一般 n 変数の陰関数定理や逆関数定理を導く．

§1.1　縮小写像の原理

縮小写像とは，粗くいえば，点と点との距離を縮める一種の収縮運動を表す写像である．このような写像は，必ず不動点を1つだけもつことが知られている．これを「縮小写像の原理」と呼ぶ．縮小写像の原理を理解するには，コーシー列の収束に関する知識が必要である．これについては本シリーズの『微分と積分1』で基本的な事項の説明がなされている．『微分と積分1』を読んでいない読者は，本書の第3章(§3.1(c))でコーシー列についての詳しい復習を行なっているので，必要に応じてそちらを参照されたい．

なお，本節で扱うのはユークリッド空間内での縮小写像の原理である．付録Bで，無限次元の場合を含めたもっと一般の距離空間における縮小写像の原理とその応用について述べる．

(a)　写像の不動点

本論に入る前に，まず写像の不動点についての基本的な事柄を学んでおこう．F を n 次元ユークリッド空間 $\mathbb{R}^n$ の部分集合 X から $\mathbb{R}^n$ への写像とする．点 $x \in X$ が F の**不動点**(fixed point)であるとは，

$$F(x) = x$$

が成り立つことをいう．ここであらかじめお断りしておくが，本書では，慣例に従って，n 次元の変数も F や x などの普通文字で書き表すことが多い．変数がスカラーであるのかベクトルであるのかは前後の文脈から判断できるであろうが，必要に応じて成分表示も併用することにする．上の等式 $F(x) = x$ の場合，これを成分ごとに書くと，

$$\begin{pmatrix} F_1(x_1, x_2, \cdots, x_n) \\ F_2(x_1, x_2, \cdots, x_n) \\ \vdots \\ F_n(x_1, x_2, \cdots, x_n) \end{pmatrix} = \begin{pmatrix} x_1 \\ x_2 \\ \vdots \\ x_n \end{pmatrix}$$

という連立方程式になる．この連立方程式の解を座標成分とする点が F の不動点である．

例 1.1　$X=\mathbb{R}$, $F(x)=ax+b$ とすると,

（i）　$a\neq 1$ のとき, F はただ 1 つ不動点をもつ.

（ii）　$a=1$, $b\neq 0$ のとき, F は不動点をもたない.

（iii）　$a=1$, $b=0$ のとき, 任意の点 $x\in X$ が F の不動点である.　□

例 1.2　$X=\mathbb{R}^n$, $F(x)=Ax$ とする. ここで A は n 次正方行列である. このとき以下が成り立つことは容易にわかる.

（i）　原点 $x=0$ は F の不動点である.

（ii）　原点以外に F の不動点があるための必要十分条件は, 行列 A が 1 を固有値としてもつことである.　□

例 1.3　平面上の円環領域における回転運動を考えてみよう. 具体的には,

$$X=\{x\in\mathbb{R}^2 \mid a\leqq |x|\leqq b\},\quad F(x)=\begin{pmatrix}\cos\theta & -\sin\theta\\ \sin\theta & \cos\theta\end{pmatrix}x$$

とおく. ここで $0<a<b$ および θ は定数である. このとき以下が成り立つのは明らかである.

（i）　θ が 2π の整数倍であるならば F は恒等写像ゆえ, 任意の点 $x\in X$ が F の不動点である.

（ii）　θ が 2π の整数倍でなければ F は X 内に不動点をもたない.　□

不動点が存在するための十分条件を与える命題のうち, 一般性の高いものを**不動点定理**(fixed point theorem)という. 次の命題は不動点定理の簡単な例である.

命題 1.4　$f(x)$ を $\mathbb{R}$ 上の有限閉区間 $I=[a,b]$ の上で定義された実数値連続関数とする. 次のいずれかが成り立てば f は不動点をもつ.

（i）　$f(I)\subset I$.

（ii）　$f(I)\supset I$.

[証明]　まず(i)を仮定する. このとき $f(a)\geqq a$, $f(b)\leqq b$ が成り立つ. この不等式のどちらかで等号が成り立てば, f は I の端点で不動点をもつ. 一方, いずれの等号も成り立たない場合は, $g(x)=f(x)-x$ とおけば

$$g(a)>0,\quad g(b)<0$$

となるから，連続関数の中間値の定理より $g(c)=0$ を満たす点 $c\in(a,b)$ が存在する．c は f の不動点である．

次に(ii)を仮定する．f が最小値をとる点を x_0，最大値をとる点を x_1 とおくと，以下の不等式が成り立つ．

$$f(x_0)\leqq a\leqq x_0,\quad f(x_1)\geqq b\geqq x_1 .$$

ここで $g(x)=f(x)-x$ とおいて上と同様に議論すると，f の不動点が x_0 と x_1 の間にあることが示される． ∎

注意 1.5　f の定義域が有限開区間の場合は，不動点は存在するとは限らない．例えば $I=(0,1)$，$f(x)=x/2$ とすると $f(I)\subset I$ が成り立つが，I の中に f の不動点は存在しない．f の定義域が無限区間の場合も，不動点は必ずしも存在しない．例：$I=\mathbb{R}$，$f(x)=x+1$．

注意 1.6　命題 1.4 の(i)は，X が $\mathbb{R}^n$ 内の凸図形である場合に拡張できる．これをブラウアー(Brouwer)の不動点定理と呼ぶ．また，ブラウアーの不動点定理の無限次元版として，シャウダー(Schauder)の不動点定理やティホノフ(Tikhonov)の不動点定理などが知られている．いずれの定理にも広範な応用がある．

さて，例 1.3 における円環領域の場合と同様に，X が円周のときは不動点は必ずしも存在しない．しかしながら，以下に示すように，不動点定理に類似の命題が成立する．

命題 1.7　$f(x)$ を円周 S から数直線 $\mathbb{R}$ への連続写像とすると，$f(x^*)=f(x)$ を満たす点 $x\in S$ が存在する．ここで，x^* は点 $x\in S$ の対心点，すなわち円 S の中心に関して x と対称な位置にある点を表す．

[証明]　円周 S を助変数 θ を用いて $\{(R\cos\theta, R\sin\theta)\,|\,\theta\in\mathbb{R}\}$ という形に表示すると，S 上の任意の関数は，θ の周期 2π の関数として表される．$f(x)$ をこのように θ の関数と見なしたものを $F(\theta)$ と書くことにする．f の連続性により，$F(\theta)$ は連続関数になる．命題の結論を示すには，

$$F(\theta+\pi)=F(\theta) \tag{1.1}$$

を満たす点 θ が存在することをいえばよい．いま $G(\theta)=F(\theta+\pi)-F(\theta)$ とおくと，F が周期 2π の関数であることから

$$G(\pi)=F(2\pi)-F(\pi)=F(0)-F(\pi)=-G(0)$$

が成り立つ．ここで，もし $G(0)=0$ であれば，等式(1.1)が $\theta=0$ に対して成立する．一方，$G(0)\neq 0$ の場合は，$G(0)<0<G(\pi)$ または $G(0)>0>G(\pi)$ となるから，連続関数の中間値の定理により，$G(\theta)=0$ を満たす θ が区間 $(0,\pi)$ 内に存在する．この θ に対して(1.1)が成り立つ． ∎

上の命題から，以下の事実が導かれる．

命題 1.8（パンケーキの定理）　D_1 と D_2 を有界な2つの平面図形とする．このとき，平面上の適当な1本の直線によって，D_1 と D_2 それぞれの面積を同時に等分することができる(図1.1参照)．

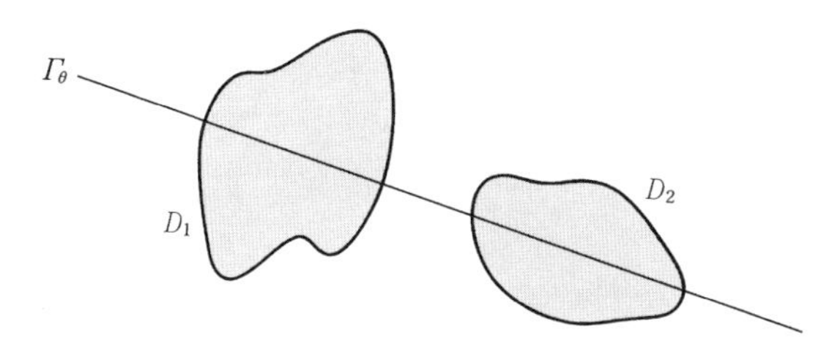

図 1.1　1つの直線で2つの図形の面積を等分する

[証明]　概略のみを示す．議論の細かな点は読者各自で補っていただきたい．x_1x_2 平面上の直線で，その法線ベクトルが $(\cos\theta, \sin\theta)$ であるものの一般形は

$$x_1\cos\theta + x_2\sin\theta = a$$

と表される．θ を固定し，a を変化させると，この直線は平行移動しながら平面を埋め尽くす．よって，a の値を適当に選べば，この直線が図形 D_1 の面積を等分するようにできる．容易にわかるように，そのような a の値はただ1つしかない．この値を $a(\theta)$ とおく．（D_1 あるいは D_2 が「飛び地」をもつ不連結な図形の場合は，a の値は1つに定まらず，ある閉区間 $[\alpha,\beta]$ 上に分布することがある．このような場合は $(\alpha+\beta)/2$ を $a(\theta)$ とおく．）$a(\theta)$ は θ の連続関数になるが，その議論の詳細は省く．いま，直線

$$x_1\cos\theta + x_2\sin\theta = a(\theta)$$

を Γ_θ とおき，半平面

$$x_1\cos\theta + x_2\sin\theta > a(\theta)$$

を Σ_θ とおく．また，図形 $\Sigma_\theta \cap D_2$ の面積を $F(\theta)$ で表す．$a(\theta)$ は連続だから，$F(\theta)$ も連続関数になる．さて，$a(\theta)$ の定め方から，$\Gamma_\theta = \Gamma_{\theta+\pi}$ が成り立つのは明らかである．さらに，半平面 Σ_θ と $\Sigma_{\theta+\pi}$ は直線 Γ_θ をはさんで互いに反対側に位置する．したがって，直線 Γ_θ が図形 D_2 の面積を等分することと，等式 $F(\theta)=F(\theta+\pi)$ が成り立つことは同値である．命題1.7より，この等式を満たす θ は存在する．∎

注意 1.9　命題1.7は，高次元にそのまま拡張できる．例えば，空間 $\mathbb{R}^3$ 内の球面から平面への連続写像 f に対して，$f(x^*)=f(x)$ を満たす点 x が存在する．これを**ボルスーク**(Borsuk)**の対蹠点定理**(または対心点定理)と呼ぶ．この定理を用いて，空間 $\mathbb{R}^3$ 内に配置された任意の3つの立体図形の体積を1枚の平面で同時に等分できること(ハムサンドイッチの定理)が証明できる．これらの内容は本章の主題からはずれるので，詳細は省く．

問1　数直線 $\mathbb{R}$ 上で定義された実数値関数 $f(x)$ が不動点をもつことと，$y=f(x)$ のグラフが直線 $y=x$ と共通点をもつこととは同値である．このことを念頭において，以下の場合に不動点が存在することをグラフにより示せ．

(1)　$f(x)=-x^3+1$

(2)　$f(x)=e^{-x}$

問2　$f(x)$ が1変数の実係数多項式で，その次数が3以上の奇数であれば，必ず不動点が存在することを示せ．

問3　$f(x)$ が数直線 $\mathbb{R}$ 上で定義された有界な実数値連続関数であれば，不動点を少なくとも1つもつことを示せ．

(b)　縮小写像の原理

空間 $\mathbb{R}^n$ や，もっと一般の空間の部分集合は，これを「点」の集まりと見ることができるから，しばしば**点集合**(point set)と呼ばれる．円や4角形や立方体をはじめ，およそ我々が考えうるあらゆる図形は，点集合と見なすことができる．むろん空間全体も1つの点集合である．

さて，$\mathbb{R}^n$ 内の点集合 X からそれ自身への写像 $F(x)$ が**縮小写像**(contraction map)であるとは，適当な定数 $0 \leqq \mu < 1$ が存在して

$$|F(x)-F(y)| \leqq \mu|x-y| \quad (x, y \in X) \tag{1.2}$$

が成り立つことをいう.

例 1.10　数直線 $\mathbb{R}$ からそれ自身への写像 $f(x)=ax+b$ が縮小写像であるための必要十分条件は，$|a|<1$ が成り立つことである.　□

例 1.11　空間 $\mathbb{R}^n$ からそれ自身への写像 $f(x)=Ax+b$ (ただし A は n 次正方行列で b は定数ベクトル) が縮小写像であるための必要十分条件は，$\|A\|<1$ が成り立つことである. ここで $\|A\|$ は行列 A のノルムを表す. すなわち,

$$\|A\| = \sup_{x \neq 0} \frac{|Ax|}{|x|} .$$

□

与えられた写像が微分可能である場合は，縮小写像かどうかの判定が微分係数によってできる.

命題 1.12　$\mathbb{R}^n$ 内の領域 X からそれ自身への微分可能な写像 $F(x)$ が(1.2)を満たすならば,

$$\|F'(x)\| \leqq \mu \quad (x \in X) \tag{1.3}$$

が成り立つ. ここで $F'(x)$ は $F(x)$ の微分行列

$$F'(x) = \begin{pmatrix} \dfrac{\partial F_1}{\partial x_1} & \cdots & \dfrac{\partial F_1}{\partial x_n} \\ \vdots & \ddots & \vdots \\ \dfrac{\partial F_n}{\partial x_1} & \cdots & \dfrac{\partial F_n}{\partial x_n} \end{pmatrix}$$

を表す. X が凸領域の場合は，逆も成り立つ.

[証明]　多変数の関数の微分に慣れていない読者のため，まず $n=1$ の場合を示し，次いで一般の場合を証明することにする.

($n=1$ の場合) 写像 F が(1.2)を満たすとすると，次式が成り立つ.

$$\left| \frac{F(x+\Delta x)-F(x)}{\Delta x} \right| \leqq \mu$$

ここで $\Delta x \to 0$ とすれば(1.3)が得られる.

次に X が数直線上の凸集合，すなわち区間であると仮定する. 任意に 2

数 $x<y$ を与えたとき，平均値の定理から，

$$F(x)-F(y)=F'(c)(x-y)$$

が成り立つような c が x と y の間に存在する．両辺の絶対値をとると

$$|F(x)-F(y)|=|F'(c)|\,|(x-y)|\leqq\left(\sup_{z\in X}|F'(z)|\right)|x-y|.$$

よって(1.3)から(1.2)が従う．

（一般の場合）x を領域 X 内の勝手な点とし，z を任意の n 次元ベクトルとする．点 $x+\varepsilon z$ が X からはみ出ないように ε を十分小さくとると，写像 F の微分可能性より

$$F(x+\varepsilon z)-F(x)=F'(x)(\varepsilon z)+o(|\varepsilon z|)=\varepsilon F'(x)z+o(\varepsilon|z|)$$

が成り立つ．ここで右辺第2項の $o(\cdots)$ はランダウの記号である(後述の注意1.13参照)．いま，F が(1.2)を満たすとすると，これと上式から

$$\varepsilon|F'(x)z|+o(\varepsilon|z|)\leqq\mu\varepsilon|z|$$

が従う．この両辺を ε で割り，z を固定したまま $\varepsilon\to 0$ とすれば，

$$|F'(x)z|\leqq\mu|z|$$

が成り立つ．この評価式と行列のノルムの定義から，(1.3)がただちに得られる．

次に領域 X が凸であると仮定して，逆を示す．x,y を X 内の勝手な2点とする．X の凸性から，点 x,y を結ぶ線分 $\{x+t(y-x)\,|\,0\leqq t\leqq 1\}$ は X に含まれる．そこで区間 $[0,1]$ 上の $\mathbb{R}^n$ 値関数 $h(t)$ を

$$h(t)=F(x)-F(x+t(y-x))$$

と定義すると，$h(0)=0$, $h(1)=F(x)-F(y)$ であり，かつ

$$h'(t)=-F'(x+t(y-x))(y-x)$$

が成り立つ．これより，

$$F(x)-F(y)=h(1)-h(0)=\int_0^1 h'(t)dt=-\int_0^1 F'(x+t(y-x))(y-x)dt$$

となり，よって

$$|F(x)-F(y)|\leqq\left(\int_0^1|F'(x+t(y-x))|dt\right)|x-y|.$$

ここで(1.3)を仮定すれば，(1.2)が得られる． ∎

注意1.13 『微分と積分1』の§2.1にも述べられているように，何らかの変数，例えばxに依存する2つの量v, wの間に

$$\frac{v}{w} \to 0 \quad (x \to a)$$

という関係が成り立つとき，これを

$$x \to a \text{ のとき } v = o(w)$$

という形で表現することがしばしばある．記号$o(\cdots)$を**ランダウ**(Landau)**の記号**という．通常この記号は，ともに0に収束する微小量や，ともに無限大に発散する量の大きさを比較するのに用いられる．例えば

$$\varepsilon^2 = o(\varepsilon) \quad (\varepsilon \to 0), \quad \log n = o(n) \quad (n \to \infty).$$

また，2つの量v, wの間に

$$\varlimsup_{x \to a} \frac{|v|}{|w|} < \infty$$

なる関係があるとき，これを

$$x \to a \text{ のとき } v = O(w)$$

という形で表現する．(上極限$\varlimsup$の意味については『微分と積分1』または本書の§3.1(b)を参照せよ．) この場合も，通常v, wは，ともに0に収束する量であるか，ともに無限大に発散する量である．例えば

$$\sin\theta = O(\theta) \quad (\theta \to 0), \quad \sqrt{1+n^2} = O(n) \quad (n \to \infty).$$

この記号$O(\cdots)$もランダウの記号と呼ばれる．

縮小写像の他の例は後に譲ることにして，次に閉集合の概念を復習しておこう．空間$\mathbb{R}^n$内の点集合Xが**閉集合**(closed set)であるとは，X内の点列の極限点として表されるいかなる点もXに含まれることをいう．すなわち，

$$x_k \in X \ (k = 1, 2, 3, \cdots), \quad x_k \to z \ (k \to \infty) \implies z \in X$$

が成り立つことをいう．閉集合の概念については，『微分と積分2』で簡単な説明がなされている．そこで述べられているように，点集合Xが閉集合であることと，Xの境界点がすべてXに含まれることとは同値である．例えば数直線上の閉区間は閉集合であり，円の内部に境界(すなわち円周)を付け加えたものも閉集合である．閉集合についてのより詳しい解説は本書の§3.3

(a)で行なっているので，必要が生ずればそちらを参照されたい．しかし当面は，閉集合として，数直線上の閉区間(無限区間を含む)や平面上の閉円板(すなわち円の内部と円周を合わせたもの)などを想像すれば，本節の議論の要点は十分に理解できるであろう．

さて，いよいよ本章の主題となる定理を述べる．

定理 1.14（縮小写像の原理(contraction principle)）　$F(x)$ を $\mathbb{R}^n$ 内の閉集合 X からそれ自身の中への縮小写像とする．このとき以下が成り立つ．

（i）　F は X 内にただ1つの不動点をもつ．

（ii）　F の不動点を $\overline{x}$ とおくと，X 内の任意の点 x に対して

$$\lim_{k\to\infty} F^k(x) = \overline{x}$$

が成り立つ．ここで F^k は写像 F を k 個合成した写像を表す．

［証明］　x を点集合 X の任意の点とし，$x_k = F^k(x)$ $(k=0,1,2,\cdots)$ とおく．ただし $x_0 = x$ とする．(1.2)より，

$$|x_k - x_{k+1}| = |F(x_{k-1}) - F(x_k)| \leqq \mu|x_{k-1} - x_k|.$$

この不等式を $k=1,2,3,\cdots$ について順に並べると次の評価式が得られる．

$$|x_k - x_{k+1}| \leqq \mu^k|x_0 - x_1| \quad (k = 1,2,3,\cdots).$$

これより，任意の整数 $0<k<l$ に対して以下が成り立つ．

$$\begin{aligned} |x_k - x_l| &\leqq |x_k - x_{k+1}| + |x_{k+1} - x_{k+2}| + \cdots + |x_{l-1} - x_l| \\ &\leqq (\mu^k + \mu^{k+1} + \cdots + \mu^{l-1})|x_0 - x_1| \\ &= \frac{\mu^k - \mu^l}{1-\mu}|x_0 - x_1|. \end{aligned} \tag{1.4}$$

$0 \leqq \mu < 1$ だから，k,l を大きくしていくと $|x_k - x_l|$ の値はいくらでも小さくなる．これは点列 $x_0, x_1, x_2, \cdots$ が $\mathbb{R}^n$ 内のコーシー列であることを意味している．したがってこの点列は収束する(定理3.10参照)．その極限点を $\overline{x}$ とおくと，X は閉集合ゆえ，$\overline{x} \in X$．また，F の連続性から

$$F(\overline{x}) = F\left(\lim_{k\to\infty} x_k\right) = \lim_{k\to\infty} F(x_k) = \lim_{k\to\infty} x_{k+1} = \overline{x}.$$

が成り立つ．よって $\overline{x}$ は F の不動点である．以上により，X 内に不動点が

存在することと，点列 $F^k(x)$ が不動点に収束することが示された．あとは，不動点の一意性を示せばよい．$\overline{x}$ と $\overline{y}$ を F の不動点とすると，(1.2)より，

$$|\overline{x}-\overline{y}| = |F(\overline{x})-F(\overline{y})| \leqq \mu|\overline{x}-\overline{y}|.$$

よって

$$(1-\mu)|\overline{x}-\overline{y}| \leqq 0.$$

これと $1-\mu>0$ から，$|\overline{x}-\overline{y}|=0$．すなわち $\overline{x}=\overline{y}$ が成り立つ． ∎

上の定理は,「バナッハ(Banach)の不動点定理」とも呼ばれる．

注意 1.15 命題1.4をはじめ，大多数の不動点定理が，単に不動点の存在を主張するだけで，その不動点を具体的に求める手続きを示していないのに対し，縮小写像の原理では，不動点が $\{F^k(x)\}$ という具体的な点列の極限として求まるところに大きな特徴がある．この性質により，縮小写像の原理は方程式の近似解の計算に用いられることがある．この点については§1.3(d)で述べる．なお，不動点 $\overline{x}$ と近似列 $\{F^k(x)\}$ との誤差評価も容易にできる．実際，不等式

$$|F^{k+1}(x)-\overline{x}| = |F^{k+1}(x)-F(\overline{x})| \leqq \mu|F^k(x)-\overline{x}|$$

から，ただちに以下の評価式が得られる．

$$|F^k(x)-\overline{x}| \leqq \mu^k|x-\overline{x}| \quad (k=1,2,3,\cdots). \tag{1.5}$$

また，(1.4)において $l\to\infty$ とすることにより，

$$|F^k(x)-\overline{x}| \leqq \frac{\mu^k}{1-\mu}|x-F(x)|. \tag{1.6}$$

という評価も得られる．

縮小写像の原理を，数列の収束の問題に適用してみよう．

例題 1.16 任意に $a_0>0$ を与えたとき，漸化式

$$a_{k+1} = 1+\frac{1}{a_k} \quad (k=0,1,2,\cdots)$$

で定まる数列は収束し，極限値は初項 a_0 の決め方によらない．

[解] $f(x)=1+\dfrac{1}{x}$ とおくと，漸化式は $a_{k+1}=f(a_k)$ と表される．f が縮小写像であることが示されれば数列 $\{a_k\}$ の収束がいえるが，$x>0$ の範囲全体では f は縮小写像にならない．そこで次のように考える．まず，半無限区

間 $(0,\infty)$ を I とおくと

$$f(I)=(1,\infty),$$
$$f^2(I)=f((1,\infty))=(1,2),$$
$$f^3(I)=f((1,2))=(3/2,2)$$

となるから，上の数列の a_3 以降の項はすべて区間 $(3/2,2)$ に含まれる．よって，この数列の収束を示すには，f が区間 $X=[3/2,2]$ からそれ自身への縮小写像になることをいえばよい．まず，$f(X)\subset X$ となることは容易にわかる．次に

$$f'(x)=-\frac{1}{x^2}$$

だから，$\frac{3}{2}\leqq x\leqq 2$ の範囲で $-\frac{4}{9}\leqq f'(x)\leqq -\frac{1}{4}$．命題1.12より，$f(x)$ はこの区間上の縮小写像である．∎

問4　例題1.16の結果を用いて，次の連分数が収束することを示し，その値を求めよ．

$$1+\cfrac{1}{1+\cfrac{1}{1+\cfrac{1}{1+\ddots}}}$$

問5　任意に実数 a_0 を与えたとき，漸化式 $a_{k+1}=\exp(-a_k)$ $(k=0,1,2,\cdots)$ で定まる数列は収束し，しかも極限値は a_0 の定め方によらないことを示せ．

縮小写像の原理は，以下に述べる形に拡張しておくと，便利なことが多い．

定理1.17　$F(x)$ は $\mathbb{R}^n$ 内の閉集合 X からそれ自身の中への写像で，適当な自然数 m をとれば F^m が縮小写像になるとする．このとき定理1.14の結論がそのまま成り立つ．

［証明］　仮定から，適当な自然数 m と定数 $0\leqq\mu<1$ が存在して，

$$|F^m(x)-F^m(y)|\leqq\mu|x-y|\quad(x,y\in X)\tag{1.7}$$

が成り立つ．よって定理1.14より，写像 F^m は X 内に不動点をもつ．それを $\overline{x}$ とおくと，

$$|\overline{x}-F(\overline{x})| = |F^m(\overline{x})-F^{m+1}(\overline{x})| \leqq \mu|\overline{x}-F(\overline{x})|.$$

これより

$$(1-\mu)|\overline{x}-F(\overline{x})| \leqq 0.$$

$1-\mu>0$ だから，上の不等式が成り立つのは $\overline{x}-F(\overline{x})=0$ となる場合に限る．したがって $\overline{x}$ は F の不動点である．次に x を X 内の勝手な点とする．定理 1.14 より，点 $x, F(x), F^2(x), \cdots, F^{m-1}(x)$ のそれぞれに写像 F^m を繰り返しほどこすと $\overline{x}$ に収束するから，各 $r=0,1,2,\cdots,m-1$ に対して

$$\lim_{j\to\infty} F^{mj+r}(x) = \lim_{j\to\infty} F^{mj}(F^r(x)) = \overline{x}$$

が成り立つ．一方，任意の整数 k は $k=mj+r$ (j, r は整数で，$0 \leqq r < m$) の形に書けるから，点列 $\{F^k(x)\}_{k=1}^{\infty}$ は，m 個の点列 $\{F^{mj+r}(x)\}_{j=1}^{\infty}$ ($r=0,1,\cdots,m-1$) を一列に並べ替えたものと見なせる．上に示したように，それぞれの点列 $\{F^{mj+r}(x)\}_{j=1}^{\infty}$ は $\overline{x}$ に収束するから，点列 $\{F^k(x)\}_{k=1}^{\infty}$ も $\overline{x}$ に収束することがわかる．これで定理の結論が示された． ∎

問 6　例題 1.16 を定理 1.17 を用いて解け．

§1.2　陰関数定理・逆関数定理

本節では縮小写像の原理を用いて，一般 n 変数の陰関数定理や逆関数定理を証明する．陰関数定理や逆関数定理は，本シリーズの『微分と積分 2』でも，とくに 2 変数の場合を中心に扱われている．そこで用いられた方法は，2 変数の場合には大がかりな道具立てを要しない利点があるが，多変数に拡張するのは面倒であり，かえって議論が複雑になる．本節で述べる方法は，変数の個数にまったく依存しない形で議論できる利点があり，無限次元の場合への拡張も困難なくできる．

(a)　パラメータをもつ縮小写像

X を空間 $\mathbb{R}^n$ 内の閉集合とする．X からそれ自身への縮小写像 F が，何

縮小写像とフラクタル図形

$F_0(x), F_1(x)$ を平面 $\mathbb{R}^2$ をそれ自身にうつす 2 つの縮小写像とし，その不動点をそれぞれ $\bar{x}_0, \bar{x}_1$ とする．以下，$\bar{x}_0 \neq \bar{x}_1$ を仮定する．

いま，各項が 0 または 1 である任意の数列 $\nu_1, \nu_2, \nu_3, \cdots$ に対し，関数列 $g_k(x)$ $(k=1,2,3,\cdots)$ を次のように定める．

$$g_k(x) = F_{\nu_1} \circ F_{\nu_2} \circ \cdots \circ F_{\nu_k}(x) \Big(= F_{\nu_1}(F_{\nu_2}(\cdots(F_{\nu_k}(x))\cdots)) \Big).$$

すると，定理 1.14 と同様の方法によって，$k \to \infty$ のとき $g_k(x)$ が収束すること，およびその極限が点 x の選び方によらないことが示される．例えば $\nu_1 = \nu_2 = \nu_3 = \cdots = 0$ のとき極限点は $\lim_{k\to\infty} (F_0(x))^k = \bar{x}_0$ であり，$\nu_1 = \nu_2 = \nu_3 = \cdots = 1$ のときは極限点は $\lim_{k\to\infty} (F_1(x))^k = \bar{x}_1$ となる．0 と 1 からなる数列 $\nu_1, \nu_2, \nu_3, \cdots$ をいろいろと変えると，それに応じて極限点 $\lim_{k\to\infty} g_k(x)$ もさまざまに変化しうる．こうして得られる極限点の全体は，平面上の点集合を形成する．この点集合を S とおくと，容易にわかるように

$$S = F_0(S) \cup F_1(S)$$

が成り立つ．詳細は省くが，この性質ゆえに，点集合 S には，部分の中に全体構造が繰り返し再現される，いわゆる「入れ子構造」がしばしば観察される．このような性質をもつ図形を「フラクタル(fractal)図形」と呼ぶ．以下の図はその例である．3 個以上の縮小写像を用いると，さらに多様なフラクタル図形が得られる．

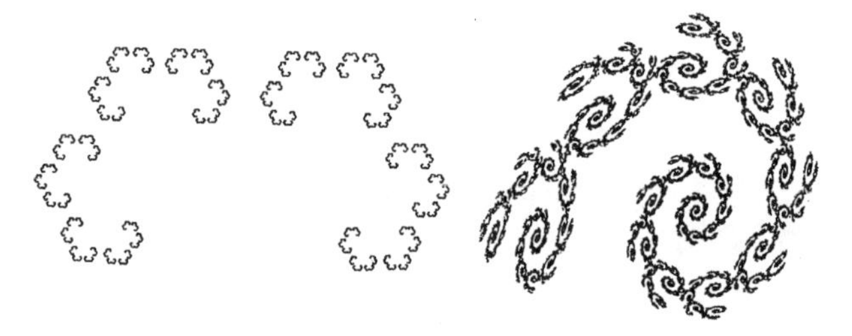

2 つの縮小写像が定めるフラクタル図形の例(Bob Wiseman 氏のコンピュータプログラム 'Fract' を用いて作成)

らかの助変数(すなわちパラメータ) α に依存しているとき，その不動点が α にどのように依存するかを考えよう．

U を空間 $\mathbb{R}^m$ の部分集合とし，$F(x,\alpha)$ を直積集合 $X\times U$ から X への写像とする．言いかえれば，$\alpha\in U$ を固定するごとに F は X からそれ自身への写像となる．この写像 F は以下を満たすと仮定する．

(F1) F は α について連続である．

(F2) 定数 $0\leqq\mu<1$ が存在して，以下が成り立つ．

$$|F(x,\alpha)-F(y,\alpha)|\leqq\mu|x-y| \quad (x,y\in X,\ \alpha\in U).$$

すると，定理1.14より，$\alpha\in U$ を1つ固定するごとに写像 $x\mapsto F(x,\alpha)$ の不動点が X 内に1つ定まる．以下しばらく，この不動点を $\overline{x}(\alpha)$ と書くことにする．

定理 1.18 (不動点の連続依存性) 写像 F は仮定(F1),(F2)を満たすとする．このとき $\overline{x}(\alpha)$ は α に連続的に依存する．

[証明] β を U 内の勝手な点とすると，仮定(F2)より

$$\begin{aligned}|\overline{x}(\alpha)-\overline{x}(\beta)| &= |F(\overline{x}(\alpha),\alpha)-F(\overline{x}(\beta),\beta)|\\ &\leqq |F(\overline{x}(\alpha),\alpha)-F(\overline{x}(\beta),\alpha)|+|F(\overline{x}(\beta),\alpha)-F(\overline{x}(\beta),\beta)|\\ &\leqq \mu|\overline{x}(\alpha)-\overline{x}(\beta)|+|F(\overline{x}(\beta),\alpha)-F(\overline{x}(\beta),\beta)|.\end{aligned}$$

これより以下の不等式が成り立つ．

$$|\overline{x}(\alpha)-\overline{x}(\beta)|\leqq\frac{1}{1-\mu}|F(\overline{x}(\beta),\alpha)-F(\overline{x}(\beta),\beta)|.$$

仮定(F1)より，上式の右辺は $\alpha\to\beta$ とすると0に収束する．よって $\overline{x}(\alpha)\to\overline{x}(\beta)$． ∎

今度は写像 F が微分可能である場合を考えよう．次の仮定をおく．

(F1′) F は x,α について C^1 級(すなわち連続微分可能)である．

定理 1.19 (不動点の微分可能性) 写像 F は仮定(F1′),(F2)を満たすとする．このとき $\overline{x}(\alpha)$ は α について C^1 級である．

[証明] β を U 内の勝手な点とする．F が微分可能であることから，

$$\begin{aligned}\overline{x}(\alpha)-\overline{x}(\beta) &= F(\overline{x}(\alpha),\alpha)-F(\overline{x}(\beta),\beta)\\ &= A(\overline{x}(\alpha)-\overline{x}(\beta))+B(\alpha-\beta)+o(|\overline{x}(\alpha)-\overline{x}(\beta)|+|\alpha-\beta|)\end{aligned}$$

が成り立つ．ただし

$$A=F_x(\overline{x}(\beta),\beta),\quad B=F_\alpha(\overline{x}(\beta),\beta).$$

さて，仮定(F2)と命題1.12より，$\|A\|\leqq\mu<1$ となるから，行列 $I-A$ は可逆であり，上の等式は次のように変形できる．

$$\overline{x}(\alpha)-\overline{x}(\beta)=(I-A)^{-1}B(\alpha-\beta)+o(|\overline{x}(\alpha)-\overline{x}(\beta)|+|\alpha-\beta|).\quad(1.8)$$

この両辺の絶対値をとれば，簡単な計算から

$$|\overline{x}(\alpha)-\overline{x}(\beta)|=O(|\alpha-\beta|)$$

であることが確かめられる．（ランダウの記号 $O(\cdots)$ については前出の注意1.13参照．）これを(1.8)の右辺第2項に代入して

$$\overline{x}(\alpha)-\overline{x}(\beta)=(I-A)^{-1}B(\alpha-\beta)+o(|\alpha-\beta|)$$

が得られる．これは，$\overline{x}(\alpha)$ が $\alpha=\beta$ で微分可能で，その微分行列が $(I-A)^{-1}B$ であることを示している．β は U 内の任意の点だから，結局，$\overline{x}(\alpha)$ は U 上で微分可能で，

$$\overline{x}'(\alpha)=(I-F_x(\overline{x}(\alpha),\alpha))^{-1}F_\alpha(\overline{x}(\alpha),\alpha)\quad(1.9)$$

が成り立つことがわかった．F は C^1 級ゆえ，その1階偏導関数 F_x,F_α は連続である．よって(1.9)の右辺は α について連続となる．したがって関数 $\overline{x}(\alpha)$ は C^1 級である． ∎

F が高階微分可能な場合は，不動点も高階微分可能となる．すなわち次の定理が成り立つ．

定理1.20（不動点の高階微分可能性）　写像 F は仮定(F2)を満たす C^r 級写像($r\geqq 1$)とする．このとき $\overline{x}(\alpha)$ は α について C^r 級である．

［証明］ m についての数学的帰納法で示す．$r=1$ の場合はすでに示した．$r=k-1$ のとき主張が正しいとして，$r=k$ の場合を考える．F は C^k 級ゆえ，むろん C^{k-1} 級でもある．よって帰納法の仮定から，$\overline{x}(\alpha)$ は少なくとも C^{k-1} 級である．また，F_x も F_α も C^{k-1} 級だから，(1.9)の右辺は α について C^{k-1} 級となる．よって $\overline{x}(\alpha)$ は C^k 級である．数学的帰納法により，すべての自然数 r に対して定理の主張が正しいことが示された． ∎

(b)　陰関数定理

平面上の直線の方程式 $x+y-1=0$ や円の方程式 $x^2+y^2-1=0$ は，いずれも，変数 x と y の間の関数関係を表している．前者を y について解くと $y=1-x$，後者を y について解くと $y=\pm\sqrt{1-x^2}$ という関数表示が得られる．一般に，2つの変数(例えば x,y)の間の関数関係が

$$G(x,y)=0 \tag{1.10}$$

という形で与えられており，これを y について解いたものが

$$y=g(x)$$

と書けるとき，$g(x)$ を関係式(1.10)が定める**陰関数**(implicit function)という．

与えられた関係式からつねに意味のある陰関数が定まるわけではない．例えば関係式 $x^2+y^2=0$ が満たされるのは $x=y=0$ のときに限るから，関数と呼ぶにふさわしいものはこれから得られない．また，上で述べた円のように，ひとつの関係式から複数個の陰関数が得られる場合も少なくない．ただし，円の各点の十分小さな近傍を考えれば，そこにおいて円の方程式は $y=g(x)$(または $x=h(y)$)という形の1個の陰関数で表示できる．このように，陰関数を構成する際には，十分せまい範囲に限定して考えるとうまくいくことが多い．

しかし，このような「局所的な」陰関数すら構成できないこともある．例えば関係式 $x^2-y^2=0$ は原点で交わる平面上の2本の直線を表すから，原点のまわりにどれだけ小さな近傍をとっても，そこにおいてこの関係式を1価関数に還元することはできない．

どのような条件をおけば，与えられた関係式から局所的に1価の陰関数が定まるかを述べたものが，本節の主題である陰関数定理である．多変数の関数の微分にまだ十分慣れていない読者のために，まず線形写像の場合を考えてみよう．こうすることで，一般の場合の陰関数定理の本質的な部分がよく見通せるであろう．

例 1.21　x, y がそれぞれスカラー変数のとき，関係式 $ax+by=c$ が y について解ける，すなわち $y=g(x)$ の形に変形できるための必要十分条件は，$b\neq 0$ となることである．次に，x が $\mathbb{R}^m$ を動く変数で y が $\mathbb{R}^n$ 内を動く変数であるとし，関係式

$$Ax+By=c$$

を考える．ここで A, B はそれぞれ $n\times m$ および $n\times n$ 行列で，c は n 次元定ベクトルとする．このとき，上の関係式が y について解けるための必要十分条件は，$\det B\neq 0$ となることである．また，このとき

$$y=-B^{-1}Ax+B^{-1}c$$

と書き表される．　□

さて，いよいよ本節の主定理を述べよう．

定理 1.22（陰関数定理）　$G(x,y)$ は $\mathbb{R}^m\times\mathbb{R}^n$ 内の領域 Ω から $\mathbb{R}^n$ への C^1 級写像で，ある点 $(x_0, y_0)\in\Omega$ において以下の条件を満たすとする．

$$G(x_0, y_0)=0, \quad \det G_y(x_0, y_0)\neq 0. \tag{1.11}$$

このとき，点 (x_0, y_0) の十分小さな近傍をとれば，その近傍内で関係式(1.10)は，適当な1価関数 $g(x)$ を用いて $y=g(x)$ の形に表示し直すことができる．より詳しく述べると，十分小さな正の数 ε に対して，以下の性質をもつ関数 $g(x)$ が存在する．

（i）　$g(x)$ は $U=\{x\in\mathbb{R}^m \mid |x-x_0|<\varepsilon\}$ で定義された $\mathbb{R}^n$ 値 C^r 級関数．

（ii）　$g(x_0)=y_0$.

（iii）　$G(x, g(x))=0 \quad (x\in U)$.

（iv）　逆に，$|x-x_0|<\varepsilon$，$|y-y_0|<\varepsilon$ の範囲で $G(x,y)=0$ が満たされるのは，$y=g(x)$ のときに限る．

また，この関数 $g(x)$ の微分係数は以下で与えられる．

$$g'(x_0)=-G_y(x_0, y_0)^{-1}G_x(x_0, y_0). \tag{1.12}$$

さらに，$G(x,y)$ が C^r 級($r\geqq 2$)であれば，$g(x)$ も C^r 級になる．

［証明］　$\xi=x-x_0$，$\eta=y-y_0$ とおくと，G の微分可能性から，

$$G(x_0+\xi, y_0+\eta)=A\xi+B\eta+h(\xi, \eta)$$

と書ける．ただし $A=G_x(x_0,y_0)$，$B=G_y(x_0,y_0)$ はそれぞれ $n\times m$ および $n\times n$ 行列で，$h(\xi,\eta)$ は以下を満たす C^1 級関数である．

$$h(0,0)=0,\quad h_\xi(0,0)=0,\quad h_\eta(0,0)=0\,.$$

仮定より B は可逆な行列だから，関係式(1.10)が成り立つことと，

$$\eta=-B^{-1}A\xi-B^{-1}h(\xi,\eta) \tag{1.13}$$

が成り立つこととは同値である．ここで $z=\eta+B^{-1}A\xi$ と変数変換すると，(1.13)はさらに次の式と同値になる．

$$z=-B^{-1}h(\xi,z-B^{-1}A\xi). \tag{1.14}$$

この式の右辺が定める z,ξ の関数を $F(z,\xi)$ とおくと，

$$F(0,0)=0,\quad F_z(0,0)=0,\quad F_\xi(0,0)=0$$

が成り立つのは明らかである．よって，$\varepsilon_1>0$ を十分小さくとると，$|z|\leqq\varepsilon_1$，$|\xi|\leqq\varepsilon_1$ の範囲で

$$\|F_z(z,\xi)\|\leqq\frac{1}{2},\quad \|F_\xi(z,\xi)\|\leqq\frac{1}{2}$$

が成立する．これより，

$$|F(z,\xi)|\leqq\frac{1}{2}|z|+\frac{1}{2}|\xi|\leqq\varepsilon_1$$

となる．いま，$X=\{z\in\mathbb{R}^n\,|\,|z|\leqq\varepsilon_1\}$ とおくと，上の不等式から，任意の ξ，$|\xi|\leqq\varepsilon_1$ を固定するごとに対応 $z\mapsto F(z,\xi)$ は X をそれ自身にうつす写像になる．また，命題1.12より，この写像は縮小写像であることもわかる．したがって，定理1.14より，F は X 内にただ1つの不動点をもつ．この不動点を $p(\xi)$ とおくと，定理1.19より $p(\xi)$ は ξ について C^1 級である．また，不動点の一意性から，$|z|\leqq\varepsilon_1$，$|\xi|\leqq\varepsilon_1$ の範囲で関係式(1.14)が成り立つのは $z=p(\xi)$ のときに限る．言いかえれば，$|\xi|\leqq\varepsilon_1$，$|\eta+B^{-1}A\xi|\leqq\varepsilon_1$ の範囲で関係式(1.13)が成り立つのは $\eta=p(\xi)-B^{-1}A\xi$ のとき，またそのときに限られる．いま，$\varepsilon>0$ を十分小さくとれば，不等式 $|\xi|\leqq\varepsilon$，$|\eta|\leqq\varepsilon$ が定める領域 D_ε は，不等式 $|\xi|\leqq\varepsilon_1$，$|\eta+B^{-1}A\xi|\leqq\varepsilon_1$ が定める領域 Δ_{ε_1} に含まれる(図1.2参照)．よって，

$$g(x)=y_0+p(x-x_0)-B^{-1}A(x-x_0)$$

とおけば，定理の主張(i),(ii),(iii),(iv)が成り立つ．また，$G(x,g(x))=0$ を x で微分して $x=x_0$ とおけば，(1.12)がただちに得られる．最後に，G が C^r 級なら g も C^r 級になることは，定理1.20からわかる．∎

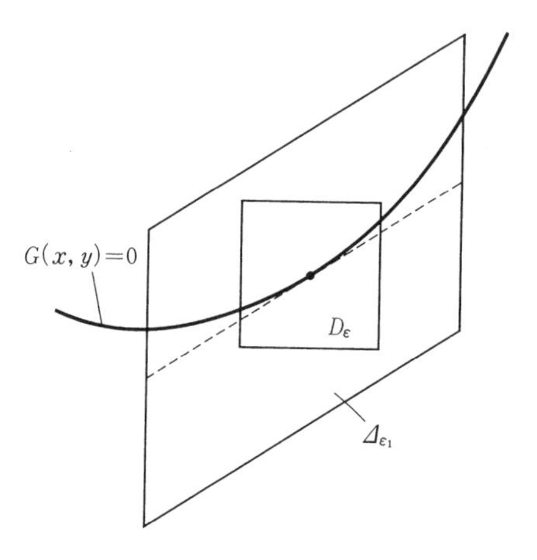

図1.2　領域 D_ε と Δ_{ε_1} の関係

例1.23　先ほど述べた平面上の2直線を表す関係式 $G(x,y)=x^2-y^2=0$ を考えよう．$G_y(x,y)=-2y$ だから，これが0となるのは $y=0$ のときに限る．よって，定理1.22より，原点以外のところで上の関係式は局所的に y の1価関数で表される．このように，陰関数定理を用いると，y を直接求めなくても，微分の計算だけから陰関数についての情報がある程度まで得られる．□

例1.24　$\mathbb{R}^3$ 内の球面の方程式 $x^2+y^2+z^2-1=0$ を考える．方程式の左辺を $F(x,y,z)$ とおくと，$F_z(x,y,z)=2z$．よって $z\neq 0$ のとき，この方程式は z について局所的に解ける．言いかえれば，球面は赤道部分を除けば，各点の近傍で局所的に $z=g(x,y)$ という形の1価 C^∞ 級関数のグラフとして表される．□

問7　懸垂面(catenoid)の方程式 $\sqrt{x^2+y^2}=(e^z+e^{-z})/2$ は，$z\neq 0$ の部分では局

所的に z について解けることを示せ.

(c) 逆関数定理

関数 $g(x)$ が関数 $f(x)$ の**逆関数**(inverse function)であるとは，等式

$$g(f(x)) = x$$

が f の定義域内のすべての x に対して成り立つことをいう．このとき，f の値域内の任意の点 y に対し，

$$f(g(y)) = f(g(f(x))) = f(x) = y$$

が成り立つこともわかる．例えば $\mathbb{R}$ 上で定義された関数 x^3 の逆関数は，$\sqrt[3]{x}$ であり，e^x の逆関数は，$\log x$ である．一方，関数 $y=x^2$ の場合は，定義域 $\mathbb{R}$ と値域 $[0,\infty)$ の点どうしの対応が 1 対 1 でないので，逆関数は定義できない．あえて逆関数を定めるならば，$y=\pm\sqrt{x}$ という 2 価関数になるが，通常は関数といえば 1 価のものに限るので，ここではこうした多価のものは考えない.

しかし関数 x^2 の場合でも，その定義域を各点の非常に小さな近傍に制限するとそこで逆関数をもつことは，グラフから見て取れる．これを，「局所的な」逆関数と呼ぶことにしよう．このような「局所的な」逆関数すら定義できないのは，$x=0$ のところだけである(図 1.3).

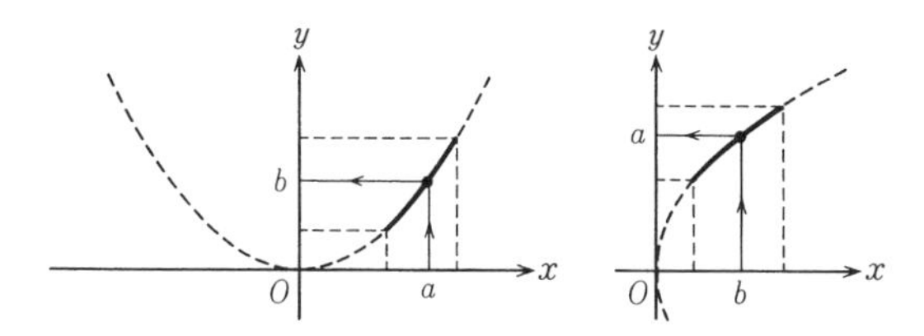

図 1.3　関数 x^2 とその「局所的な」逆関数

どのような場合に局所的な逆関数が構成できるかを示したのが，以下に述べる逆関数定理である．なお，逆関数定理は，**逆写像定理**(inverse mapping theorem)とも呼ばれる.

定理 1.25 (逆関数定理)　$f(x)$ は $\mathbb{R}^n$ 内の領域 D から $\mathbb{R}^n$ への C^1 級写像とする．D 内のある点 x_0 において

$$\det f'(x_0) \neq 0 \qquad (1.15)$$

が成り立つならば，点 $y_0 = f(x_0)$ の十分小さな近傍上で f の局所的な逆関数が構成できる．詳しくいうと，正の数 ε を十分小さくとると，$|y-y_0|<\varepsilon$ の範囲で定義された $\mathbb{R}^n$ 値関数 $g(y)$ で以下を満たすものが存在する．

（i）　g は C^1 級関数で，$g(y_0)=x_0$.

（ii）　$|x-x_0|<\varepsilon$ の範囲で $g(f(x))=x$ が成り立つ．

（iii）　$|y-y_0|<\varepsilon$ の範囲で $f(g(y))=y$ が成り立つ．

また，関数 g の微分係数については以下が成立する．

$$g'(y_0) = f'(x_0)^{-1}. \qquad (1.16)$$

さらに，もし f が C^r 級の関数($r \geqq 2$)であれば，g も C^r 級になる．

[証明]

$$F(x,y) = f(x) - y$$

とおくと，F は $D\times\mathbb{R}^n$ から $\mathbb{R}^n$ への C^1 級写像であり，

$$F(x_0,y_0) = 0, \quad \det F_x(x_0,y_0) = \det f'(x_0) \neq 0$$

が成立する．よって陰関数定理より，関係式 $F(x,y)=0$ は局所的に x について解ける．これを $x=g(y)$ と表せば，関数 g が所期の性質をもつのは明らかである． ∎

さて，A を空間 $\mathbb{R}^n$ の部分集合とするとき，点 x_0 が A の**内点**(inner point)であるとは，x_0 を中心とする十分小さな球 $|x-x_0|<\varepsilon$ がすっぽり A に含まれることをいう．容易にわかるように，A の点で内点でないものは境界点である(図1.4)．

たとえば A が $\mathbb{R}$ 上の閉区間であれば，両端点を除くすべての点が内点で

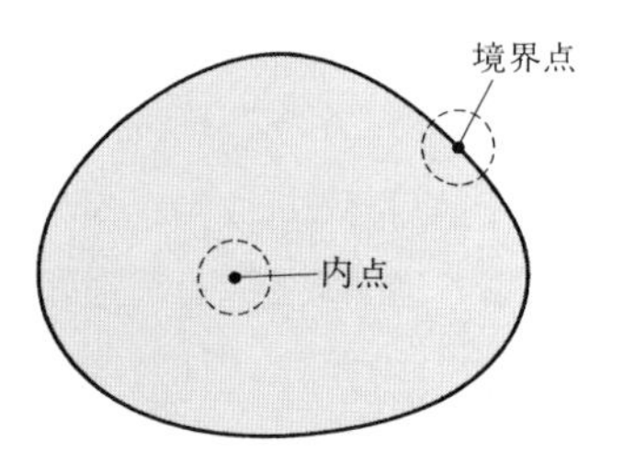

図1.4　内点と境界点

ある．A の内点の全体の集合を A の**内部**(interior)と呼ぶ．詳細は§3.3(a)を参照されたい．次の系は逆関数定理からただちに得られる．

系 1.26 定理 1.25 の仮定が成り立つならば，点 $f(x_0)$ は f の値域 $f(D)$ の内点である． □

一般に，$f(x)$ を $\mathbb{R}^n$ 内の領域 D から $\mathbb{R}^n$ への C^1 級写像とするとき，

$$\det f(x_0) = 0$$

が成り立つ点 x_0 を f の**臨界点**(critical point)と呼び，その像 $f(x_0)$ を**臨界値**(critical value)と呼ぶ．上の系より，値域 $f(D)$ の境界点 y_0 が $f(D)$ に属すれば，y_0 は臨界値であることがわかる．

例 1.27 $\mathbb{R}$ 上で定義された関数 $f(x)=x^2$ の場合，値域は区間 $[0,\infty)$ である．$f'(x)=2x$ だから，f の臨界点は 0，臨界値も 0 である．この臨界値を境にして，f の像は折り返されるようにして重なっている． □

例 1.28 xy 平面 $\mathbb{R}^2$ からそれ自身への写像 f を

$$f\colon \begin{pmatrix} x \\ y \end{pmatrix} \mapsto \begin{pmatrix} x+y \\ xy \end{pmatrix}$$

と定義する．点 (X,Y) が f の値域に含まれるための必要十分条件は，2 次方程式 $t^2-Xt+Y=0$ が実数解をもつことである．これより，f の値域が閉領域 $E=\{(X,Y)\,|\,Y \leqq X^2/4\}$ になることがわかる．ここまでは高校数学で習うことであるが，E の性質をもう少し詳しく調べてみよう．

$f(x)$ のヤコビアンを計算すると

$$\begin{vmatrix} 1 & 1 \\ y & x \end{vmatrix} = x-y$$

となるから，臨界点は直線 $x=y$ 上に分布する．よって臨界値の集合は $f(x,x)$ という形の点の全体であり，これは放物線 $y=x^2/4$ に他ならない．この放物線は，f の値域 E の境界に一致している． □

問 8 xy 平面からそれ自身への写像 $f:(x,y)\mapsto(x^2+y^2,xy)$ の臨界値の全体を求めよ．

陰関数定理や逆関数定理は，変数が複素数である場合も同じように成り立つ．証明はまったく同様であるので省略する．次の例題を考えてみよう．

例題 1.29　任意の n 次代数方程式 $x^n+a_1x^{n-1}+\cdots+a_{n-1}x+a_n=0$ は，複素数の範囲で n 個の解をもつ(代数学の基本定理)．いま，これら n 個の解 $\lambda_1,\lambda_2,\cdots,\lambda_n$ がすべて相異なるとする．このとき，係数 $a_1,a_2,\cdots,a_n$ を現在の値に十分近い範囲で動かすと，そこにおいて $\lambda_1,\lambda_2,\cdots,\lambda_n$ は，係数 $a_1,a_2,\cdots,a_n$ の C^∞ 級関数になることを示せ．

[解]　解と係数の関係から，

$$\begin{aligned} a_1 &= -(\lambda_1+\lambda_2+\cdots+\lambda_n) \\ a_2 &= \sum_{i<j}\lambda_i\lambda_j \\ &\cdots\cdots \\ a_n &= (-1)^n\lambda_1\lambda_2\cdots\lambda_n \end{aligned}$$

が成り立つ．これらは $\lambda_1,\lambda_2,\cdots,\lambda_n$ の C^∞ 級関数である．これをベクトル値関数と見て，そのヤコビ行列式を計算すると，途中の計算過程は省くが，

$$\begin{vmatrix} \dfrac{\partial a_1}{\partial\lambda_1} & \cdots & \dfrac{\partial a_1}{\partial\lambda_n} \\ \vdots & \ddots & \vdots \\ \dfrac{\partial a_n}{\partial\lambda_1} & \cdots & \dfrac{\partial a_n}{\partial\lambda_n} \end{vmatrix} = (-1)^n\prod_{j>i}(\lambda_j-\lambda_i)$$

となることがわかる．仮定より $\lambda_1,\lambda_2,\cdots,\lambda_n$ はすべて相異なるから，この値は0ではない．よって逆関数定理より，$\lambda_1,\lambda_2,\cdots,\lambda_n$ は局所的に $a_1,a_2,\cdots,a_n$ の C^∞ 級関数になる．∎

§1.3　いくつかの応用

縮小写像の原理や陰関数定理および逆関数定理には，数多くの応用がある．本節では，基本的な応用例をいくつか掲げる．

(a) 等高面

はじめに，少し用語の準備をしておこう．空間 $\mathbb{R}^3$ 内の曲面の概念を高次元に拡張したものを,「超曲面」という．すなわち，$\mathbb{R}^n$ の部分集合 S が**超曲面**(hypersurface)であるとは，S の各点において，適当に $y_1, y_2, \cdots, y_n$ 座標軸を定めれば，S が局所的に(すなわちその点の十分小さな近傍内で)，何らかの $n-1$ 変数実数値関数

$$y_n = h(y_1, y_2, \cdots, y_{n-1})$$

のグラフとして表されることをいう．座標系 $y_1, y_2, \cdots, y_n$ や関数 h のとり方は点ごとに異なりうるが，S を局所的に表現する関数 h がすべて C^r 級関数であるとき，この超曲面は C^r 級であるという．

命題 1.30（等高面）　$f(x)$ を空間 $\mathbb{R}^n$ 内の領域 D 上で定義された C^r 級の実数値関数とする．各実数 c に対して，点集合 S_c を

$$S_c = \{x \in D \mid f(x) = c\}$$

と定める．もし，S_c 上のある点 a において

$$\operatorname{grad} f(a) \neq 0$$

が成り立つならば，その点の近傍で S_c は C^r 級の $n-1$ 次元超曲面になる．また，このとき，S_c の点 a における法線は，ベクトル $\operatorname{grad} f(a)$ に平行である．　□

注意 1.31　n 変数の実数値関数 $f(x) = f(x_1, x_2, \cdots, x_n)$ の点 $x = a$ における**勾配**(gradient)とは，ベクトル

$$\begin{pmatrix} \dfrac{\partial f}{\partial x_1}(a) \\ \vdots \\ \dfrac{\partial f}{\partial x_n}(a) \end{pmatrix}$$

のことをいう．これを $\operatorname{grad} f|_{x=a}$ あるいは $\operatorname{grad} f(a)$ などと表す．

［命題 1.30 の証明］　$\operatorname{grad} f(a) \neq 0$ だから，$\dfrac{\partial f}{\partial x_1}(a), \cdots, \dfrac{\partial f}{\partial x_n}(a)$ のうちの

少なくとも1つは0でない．例えば $\dfrac{\partial f}{\partial x_n}(a)\neq 0$ とすると，定理1.22より，関係式 $f(x_1,\cdots,x_n)=c$ は局所的に x_n について解け，適当な $n-1$ 変数 C^r 級関数 g を用いて

$$x_n = g(x_1,\cdots,x_{n-1})$$

と表示される．$\operatorname{grad} f(a)$ の他の成分が0でない場合も同様である．よって S_c は C^r 級の超曲面である．次に，点 a を通る S_c 上の任意の滑らかな曲線 Γ を考え，その助変数表示を $x=\phi(t)$ $(0\leqq t<1)$（ただし $a=\phi(t_0)$）とする．

$$f(\phi(t)) = c$$

を t で微分して $t=t_0$ とおけば，

$$\operatorname{grad} f(\phi(t_0))\cdot\frac{d\phi}{dt}(t_0) = 0$$

が得られる．よって Γ の点 a における接ベクトルと $\operatorname{grad} f(a)$ は直交する．Γ は a を通る S_c 上の任意の曲線であったから，これは $\operatorname{grad} f(a)$ と S_c が直交することを意味している． ∎

例1.32　3次元ユークリッド空間 $\mathbb{R}^3$ 上で定義された実数値関数 $f(x,y,z)=x^2+y^2-z^2$ を考える．この関数の勾配

$$\operatorname{grad} f(x,y,z) = \begin{pmatrix} 2x \\ 2y \\ -2z \end{pmatrix}$$

は，原点においてのみ0となる．したがって，関係式 $x^2+y^2-z^2=c$ が定める図形は，$c\neq 0$ のときは C^∞ 級の曲面になる．詳しくは，$c>0$ のときは**1葉双曲面**(hyperboloid of one sheet)，$c<0$ のときは**2葉双曲面**になる．一方，$c=0$ のときは，上の関係式は原点を頂点とする2つの円錐を表す(図1.5)．この図形は原点において通常の曲面の性質を失っている．このような点を「特異点」と呼ぶ． □

(b)　束縛条件の下での極大極小問題

与えられた n 変数の実数値関数 $f(x)=f(x_1,\cdots,x_n)$ の極大値や極小値を，

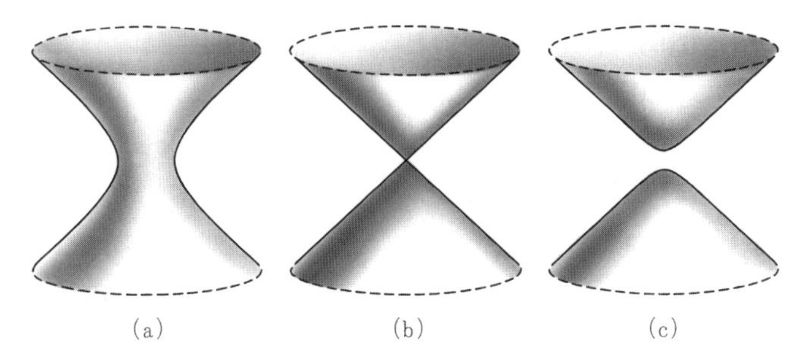

図 1.5　$x^2+y^2-z^2=c$ の定める図形. (a) $c>0$ のとき 1 葉双曲面 (b) $c=0$ のとき円錐 (c) $c<0$ のとき 2 葉双曲面

次のような**束縛条件**(constraints)

$$g_1(x)=0,\quad g_2(x)=0,\quad \cdots,\quad g_m(x)=0$$

の下で求める問題を考えよう．これは，言いかえれば，集合

$$K=\{x\in D \mid g_1(x)=0,\ \cdots,\ g_m(x)=0\}$$

の上に関数 f の定義域を制限し，そこにおける極大極小を論じることに他ならない．このような問題を論じるのに役立つのがラグランジュの未定乗数法である．ラグランジュの未定乗数法については『微分と積分 2』でも簡単に触れられているが，その幾何学的な意味は明らかにされていなかった．本書ではこの方法の幾何学的意味を重点的に解説することにする．それには多少の準備が必要となるが，これにより，議論の全体が直観的に明快になるだろう．

はじめに，先ほど述べた超曲面の概念をさらに一般化した，「部分多様体」の概念について説明しよう．$\mathbb{R}^n$ の部分集合 M が $\mathbb{R}^n$ の m 次元**部分多様体**(submanifold)であるとは，M の各点において，適当に $y_1,y_2,\cdots,y_n$ 座標軸を定めれば，M が局所的に(すなわちその点の十分小さな近傍内で)，m 個の変数に依存する $n-m$ 次元ベクトル値関数 h を用いて，

$$\begin{pmatrix} y_{m+1} \\ \vdots \\ y_n \end{pmatrix} = h(y_1,y_2,\cdots,y_m)$$

という関係式で表示されることをいう．座標系 $y_1,y_2,\cdots,y_n$ や関数 h のとり

方は点ごとに異なりうるが，M を局所的に表現する関数 h がすべて C^r 級関数であるとき，この部分多様体は C^r 級であるという．

例 1.33　$\mathbb{R}^n$ における超曲面は $n-1$ 次元部分多様体である．また，後で述べる「C^r 級曲線」は，1 次元部分多様体である．　□

命題 1.34　$\mathbb{R}^n$ 上で定義された m 個の C^r 級の実数値関数 $g_1(x),\cdots,g_m(x)$ が与えられているとし，点集合 K を

$$K=\{x\in\mathbb{R}^n \mid g_1(x)=\cdots=g_m(x)=0\}$$

と定める．もし K の各点 a において，m 個の n 次元ベクトル

$$\operatorname{grad} g_1(a),\ \cdots,\ \operatorname{grad} g_m(a)$$

が 1 次独立であるならば，すなわち

$$\operatorname{rank}\,[\operatorname{grad} g_1(a),\cdots,\operatorname{grad} g_m(a)]=m \tag{1.17}$$

が成り立つならば，K は $\mathbb{R}^n$ の m 次元部分多様体である．

［証明］　命題 1.30 の証明と基本的に同じであるが，高次元の微分にまだ慣れていない読者のために証明をきちんと述べておこう．式(1.17)と線形代数の一般論から，適当な m 個の自然数 $1\leqq i_1<i_2<\cdots<i_m\leqq n$ に対して

$$\operatorname{rank}\left[\begin{pmatrix}\dfrac{\partial g_1}{\partial x_{i_1}}(a)\\ \vdots\\ \dfrac{\partial g_1}{\partial x_{i_m}}(a)\end{pmatrix},\cdots,\begin{pmatrix}\dfrac{\partial g_m}{\partial x_{i_1}}(a)\\ \vdots\\ \dfrac{\partial g_m}{\partial x_{i_m}}(a)\end{pmatrix}\right]=m \tag{1.18}$$

が成り立つ．いま，$1\leqq j_1<j_2<\cdots<j_{n-m}\leqq n$ を

$$\{j_1,\cdots,j_{n-m}\}=\{1,\cdots,n\}\setminus\{i_1,\cdots,i_m\}$$

となるように定め，$n-m$ 次元および m 次元変数

$$y=(x_{j_1},\cdots,x_{j_{n-m}}),\quad z=(x_{i_1},\cdots,x_{i_m})$$

を導入する．また，$\mathbb{R}^{n-m}\times\mathbb{R}^m$ から $\mathbb{R}^m$ への写像 G を

$$G(y,z)=\begin{pmatrix}g_1(x)\\ \vdots\\ g_m(x)\end{pmatrix}$$

と定義すると，点集合 K は関係式 $G(y,z)=0$ で表現される．さて，点 $x=a$ を yz 座標系で表したものを $(y,z)=(b,c)$ とおくと，(1.18)より，

$$\det\frac{\partial G}{\partial z}(b,c)=\det\begin{pmatrix}\dfrac{\partial g_1}{\partial x_{i_1}}(a) & \cdots & \dfrac{\partial g_1}{\partial x_{i_m}}(a)\\ \vdots & \ddots & \vdots \\ \dfrac{\partial g_m}{\partial x_{i_1}}(a) & \cdots & \dfrac{\partial g_m}{\partial x_{i_m}}(a)\end{pmatrix}\neq 0\,.$$

よって，関係式 $G(y,z)=0$ は点 $(y,z)=(b,c)$ の近傍で z について解け，C^r 級関数 h を用いて $z=h(y)$ と表示される．これより命題の結論が従う．■

各 $j=1,2,\cdots,m$ に対し，方程式 $g_j(x)=0$ は1つの超曲面を定める．よって上の命題に現れる集合 K は，これら m 個の超曲面の共通部分である．命題1.34は，これらの超曲面の法線方向が1次独立なら，その共通部分が部分多様体の構造をもつことを主張するものである．例えば $n=3$ の場合を考えれば，2つの曲面の共通部分は「通常は」曲線になり，3つの曲面の共通部分は「通常は」点となる(図1.6)．

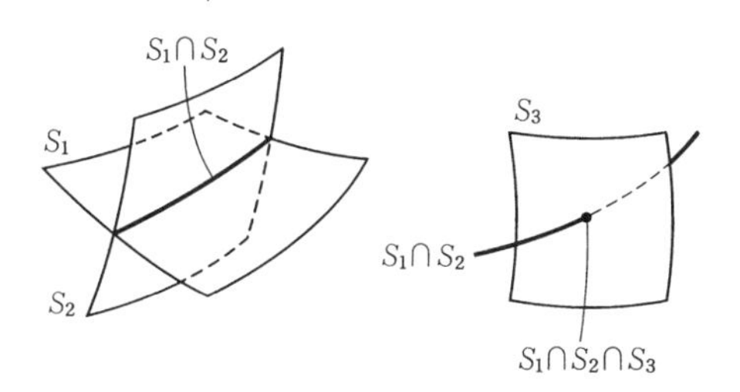

図1.6 曲面の交わり

この事実から，以下の一般的な「命題」が得られる．

> n 個の未知数に対して，m 個の方程式からなる連立方程式を考える．この連立方程式の解の集合は「通常は」$n-m$ 次元の「図形」を形成する．したがって，解が局所的に一意であるためには，$m=n$ でなければならない．

これらの準備のもとに，いよいよラグランジュの未定乗数法について述べよう．

定理 1.35　K は命題 1.34 の通りとし，(1.17)が K 上いたるところで成り立つとする．このとき，$\mathbb{R}^n$ 上で定義された C^1 級実数値関数 $f(x)$ を K に制限したものが $a\in K$ において極値をとるならば，適当な実数 $\lambda_1,\cdots,\lambda_m$ が存在して

$$\operatorname{grad} f(a)=\lambda_1 \operatorname{grad} g_1(a)+\cdots+\lambda_m \operatorname{grad} g_m(a) \tag{1.19}$$

が成立する．

［証明］　K は $n-m$ 次元部分多様体だから，点 a を通る K 上の $n-m$ 本の曲線 $\gamma_1,\cdots,\gamma_{n-m}$ で，点 a における接ベクトル $\boldsymbol{t}_1,\cdots,\boldsymbol{t}_{n-m}$ が互いに独立なものがとれる．関数 $f(x)$ を曲線 γ_j に制限したものは点 $x=a$ で極値をとるから，f の $\boldsymbol{t}_j$ に沿う方向微分は $x=a$ で 0 になる．よって

$$\boldsymbol{t}_j\cdot\operatorname{grad} f(a)=0\quad (j=1,2,\cdots,n-m). \tag{1.20}$$

一方，γ_j 上で $g_i(x)$ は恒等的に 0 だから，

$$\boldsymbol{t}_j\cdot\operatorname{grad} g_i(a)=0\quad (j=1,2,\cdots,n-m,\ i=1,\cdots,m) \tag{1.21}$$

が成り立つ．さてベクトル $\boldsymbol{t}_1,\cdots,\boldsymbol{t}_{n-m}$ で張られる $\mathbb{R}^n$ の部分空間を V，ベクトル $\operatorname{grad} g_i(a)\ (i=1,\cdots,m)$ で張られる部分空間を W とおくと，これらのベクトルの 1 次独立性から

$$\dim V=n-m,\quad \dim W=m.$$

これと(1.21)から $W=V^\perp$ となる．一方，(1.20)より

$$\operatorname{grad} f(a)\perp V.$$

これより $\operatorname{grad} f(a)\in W$ となり，定理の結論が得られる．　∎

上の定理を用いて束縛条件下での極値問題を解く方法を**ラグランジュの未定乗数法**と呼ぶ．

注意 1.36　定理 1.35 において(1.17)が成り立つという仮定ははずせない．一部の教科書にはこの仮定を書いていないものがあるが，誤りである．次の例を考えてみよ．

（例 1）　$f(x,y,z)=z,\ g(x,y,z)=(z-x^2-y^2)^2$

（例 2）　$f(x,y,z)=z,\ g_1(x,y,z)=x,\ g_2(x,y,z)=x-(z-y^2)^2$

問 9　注意 1.36 に掲げた 2 つの例について，(1.19)が成り立たないことを示せ．

(c) 曲線の滑らかさ

逆関数定理を曲線の問題に応用しよう．空間$\mathbb{R}^n$内の曲線Γが，区間$a \leqq t \leqq b$の上で定義された$\mathbb{R}^n$値関数$\phi(t)$によって

$$x = \phi(t) \quad (a < t < b)$$

と助変数表示されているとしよう．$\phi(t)$が連続関数のとき，Γは**連続曲線**(continuous curve)であるという．通常は曲線といえば連続曲線を指す．この関数$\phi(t)$がC^r級で，かつ

$$\phi'(t) \neq 0 \quad (a < t < b) \tag{1.22}$$

を満たすならば，この曲線は$\boldsymbol{C^r}$**級**であるという．

命題 1.37 Γをxy平面上のC^r級曲線($r \geqq 1$)で，重複点をもたない，すなわち対応$t \mapsto \phi(t)$が1対1であるとする．このとき，Γの各点の近傍において，Γを$y = f(x)$または$x = g(y)$の形のC^r級関数のグラフとして局所的に表すことができる．

[証明] Γの助変数表示を

$$x = \phi_1(t), \quad y = \phi_2(t) \quad (a < t < b)$$

とする．区間(a, b)上の勝手な点t_0に対し，(1.22)より，$\phi_1'(t_0) \neq 0$または$\phi_2'(t_0) \neq 0$が成り立つ．前者が成り立つ場合は，関数$x = \phi_1(t)$の逆関数がt_0の近傍で存在する．それを$t = \psi_1(x)$とおき，$y = \phi_2(t)$に代入すると

$$y = \phi_2(\psi_1(x))$$

という関数関係が得られる．この関数がC^r級であることは定理1.25からわかる．一方，$\phi_2'(t_0) \neq 0$が成り立つ場合は，$y = \phi_2(t)$の局所的逆関数$t = \psi_2(y)$によって

$$x = \phi_1(\psi_2(y))$$

と表示できる． ∎

関数$\phi_1(t), \phi_2(t)$がいくら滑らかでも，条件(1.22)が満たされなければ，命題1.37の結論は必ずしも成り立たないことには注意が必要である．例えば次の例を見てみよう．

例 1.38　xy 平面上の曲線で

$$(x, y) = (R(\theta-\sin\theta),\ R(1-\cos\theta)), \quad -\infty < \theta < \infty$$

と助変数表示されるものをサイクロイド(cycloid)と呼ぶ．ここで R は正の定数である．サイクロイドは，点 $(x,y)=(2k\pi R, 0)$，$k=0,\pm1,\pm2,\cdots$ を除いたところで C^∞ 級の曲線である．なぜなら

$$\frac{dx}{d\theta} = R(1-\cos\theta) \neq 0 \quad (\theta \neq 2k\pi,\ k\in\mathbb{Z})$$

となるからである．一方，点 $(x,y)=(2k\pi R,0)$，$k=0,\pm1,\pm2,\cdots$ においては，この曲線は滑らかでなく，特異性を有することが図1.7からわかる．この図に示したような特異性をもつ点を**尖点**(cusp)と呼ぶ．　□

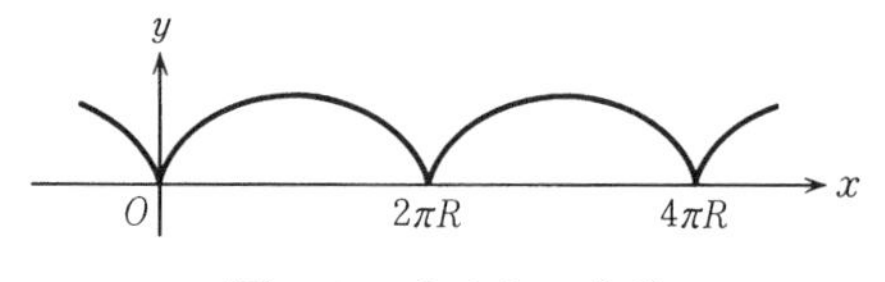

図 1.7　サイクロイド

注意 1.39　C^r 級の曲線を有限個つないでできる曲線を，**区分的に C^r 級の曲線**(piecewise C^r curve)と呼ぶ．サイクロイドは区分的に C^∞ 級の曲線である．一般に，$\mathbb{R}^n$ 内の曲線が C^r 級 $\mathbb{R}^n$ 値関数 $\varphi(t)$ を用いて $x=\varphi(t)$ と助変数表示でき，しかも有限個の t を除いて $\varphi'(t)\neq 0$ となるならば，この曲線は区分的に C^r 級である．逆に，任意の区分的に C^r 級の曲線は，この形に表される．

問 10　上の例に現れる関数を $y=f(x)$ と表示すると，$f(x)$ が微分方程式

$$1+(f'(x))^2 = 2R/f(x)$$

を満たすことを示せ．

(d)　反復法で方程式を解く

縮小写像の原理は，さまざまな方程式における解の存在証明や，近似解の構成に役立つ．いくつかの例によって，これを説明しよう．なお，ここで取り扱うのは主として代数方程式などへの応用である．付録Bで扱う無限次元

版の縮小写像の原理を用いると，微分方程式や積分方程式への応用が可能となる．

例 1.40 A を可逆な n 次正方行列，$g(x)$ を $\mathbb{R}^n$ からそれ自身への C^1 級写像とし，次の形の方程式を解く問題を考える．

$$Ax = g(x). \tag{1.23}$$

ここで $G(x)=A^{-1}g(x)$ とおけば，点 $\overline{x}$ が方程式(1.23)の解であることと，写像 G の不動点であることとは同値である．よって G の不動点を求めればよい．いま，ある定数 $0 \leqq \mu < 1$ に対して

$$\|g'(x)\| \leqq \mu \frac{1}{\|A^{-1}\|} \quad (x \in \mathbb{R}^n)$$

が成り立ったとしよう．すると命題 1.12 より，$G(x)$ は $\mathbb{R}^n$ 上の縮小写像になる．このとき，a を勝手な点として，点列 $a, G(a), G^2(a), G^3(a), \cdots$ を作れば，その極限点が求める不動点となる． □

上の例では，方程式(1.23)の解の存在証明と，近似解の構成法が同時に提示されている．この近似解の構成は，写像 G を繰り返し施すという，きわめて単純な手続きでなされる．一般に，与えられた方程式の解をいくらでも高い精度で計算する手続きが，同一の操作の反復という形をとるとき，このような近似解法を**反復法**(iteration method)という．

反復法にはいろいろなものが知られているが，とくに応用範囲の広いニュートンの方法について説明しよう．簡単のため，まず1次元の例から始めることにする．

$f(x)$ を数直線 $\mathbb{R}$ 上で定義された実数値関数とし，α を方程式 $f(x)=0$ の解の1つとする．いま，α の付近に勝手な値 x_0 をとり，点 $(x_0, f(x_0))$ における関数 $y=f(x)$ のグラフの接線と x 軸との交点の x 座標を x_1 とおく．次に，点 $(x_1, f(x_1))$ における $y=f(x)$ のグラフの接線と x 軸との交点の x 座標を x_2 とおく．同じ操作を繰り返すことにより，点列 $x_0, x_1, x_2, \cdots$ が定義され，これは以下の漸化式を満たすことが確かめられる(図 1.8)．

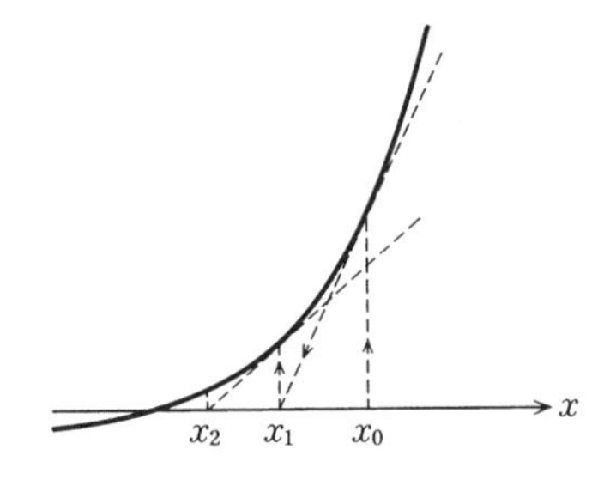

図 1.8　ニュートンの反復法における近似列の作り方

$$x_{k+1} = x_k - \frac{f(x_k)}{f'(x_k)} \quad (k = 0, 1, 2, \cdots). \tag{1.24}$$

後述の命題に示すように，はじめの点 x_0 を十分 α に近いところに選べば，点列 $\{x_k\}$ は α に収束する．この手続きで解の近似値を計算する方法を**ニュートンの反復法**あるいは**ニュートン–ラフソン法**(Newton-Raphson method)と呼ぶ．この方法は，高次元の問題にもそのまま拡張できるので，以下の命題では最初から高次元の場合を扱うことにする．

命題 1.41（ニュートン法の収束）　$F(x)$ は $\mathbb{R}^n$ 内の領域から $\mathbb{R}^n$ への C^2 級写像で，

$$F(\alpha) = 0, \quad \det F'(\alpha) \neq 0$$

を満たすとする．このとき，点 x_0 を α の十分近くにとれば，漸化式

$$x_{k+1} = x_k - (F'(x_k))^{-1} F(x_k) \quad (k = 0, 1, 2, \cdots) \tag{1.25}$$

が定める点列 $x_0, x_1, x_2, \cdots$ は α に収束する．しかも，適当な定数 $M > 0$ が存在して，

$$|x_{k+1} - \alpha| \leqq M |x_k - \alpha|^2 \quad (k = 0, 1, 2, \cdots) \tag{1.26}$$

が成り立つ．

［証明］　式表示が煩雑になるのを避けるため，以下の計算は，ランダウの記号を用いて簡略に表示する．計算の詳細は読者各自で確かめられたい．まず，$y_k = x_k - \alpha$ とおくと，漸化式(1.25)は

$$y_{k+1} = y_k - (F'(\alpha + y))^{-1} F(\alpha + y)$$

と書き直される．ここで $F(\alpha)=0$ と F の2階微分可能性より

$$F(\alpha+y)=F'(\alpha)y+O(|y|^2),\quad (F'(\alpha+y))^{-1}=(F'(\alpha))^{-1}+O(|y|)$$

という評価が成り立つ．これより

$$\begin{aligned} y_{k+1} &= y_k-\{(F'(\alpha))^{-1}+O(|y_k|)\}\{F'(\alpha)y_k+O(|y_k|^2)\} \\ &= y_k-y_k+O(|y_k|^2)=O(|y_k|^2). \end{aligned}$$

この式は，点 y_k が原点の十分小さな近傍，例えば $|y|<\varepsilon$ の範囲にとどまる限り，k に無関係な定数 $M>0$ を用いて

$$|y_{k+1}| \leqq M|y_k|^2 \tag{1.27}$$

と評価できることを意味している．そこで，$|y_0|<\min\{1/M,\varepsilon\}$ となるように点 y_0 を選べば，数学的帰納法により，

$$\varepsilon>|y_0|>|y_1|>|y_2|>\cdots$$

となること，および(1.27)がすべての k に対して成り立つことが示される．よって(1.26)が証明された． ∎

不等式(1.26)から，次の評価式が導かれる．

$$|x_k-\alpha| \leqq \frac{1}{M}(M|x_0-\alpha|)^{2^k} \quad (k=0,1,2,\cdots).$$

よって，ニュートンの反復法で構成される近似列は，真の解に非常に速く収束する．これはニュートン法の大きな利点であるが，一方で，近似列の初項 x_0 を真の解 α に十分近くとらないと，点列 $\{x_k\}$ がまったく収束しないこともあるので注意が必要である．ただし，次のような場合には，初項の選び方に関わらず近似列の収束が保証される．

命題 1.42 非負の実数に対して定義された関数 $f(x)$ が $f(0)<0$ かつ $f'(x)>0$, $f''(x)>0$ $(x>0)$ を満たすとする．このとき，方程式 $f(x)=0$ にニュートンの反復法を適用して得られる数列 $x_0,x_1,x_2,\cdots$ は，どのような初期値 $x_0>0$ から出発しても真の解に収束する．

［証明］ 仮定 $f'(x)>0$ より $f(x)$ は狭義単調増大であり，かつ $f''(x)>0$ だから $f(x)\to+\infty$ $(x\to+\infty)$ が成り立つ．よって方程式 $f(x)=0$ はただ1つの正の解をもつ．これを α とおく．$y=f(x)$ のグラフは下に凸だから，グ

ラフ上の任意の点 $(x, f(x))$ における接線は，このグラフの下側にある．このことから，x_0 の値に関わらず(ただし $x_0>0$, $x_0\neq\alpha$ とする)，$x_1>\alpha$ となること，および

$$x_1 > x_2 > x_3 > \cdots > \alpha$$

となることが容易にわかる．この数列は単調減少ゆえ，ある値 β に収束する．そこで(1.24)で $k\to\infty$ とすると $f(\beta)=0$．よって $\beta=\alpha$． ∎

例 1.43 (p 乗根の近似計算)　方程式 $x^p=a$ の解をニュートンの反復法で求めてみよう．ただし $a>0$ とする．$f(x)=x^p-a$ を(1.24)に代入すると

$$x_{k+1} = \left(1-\frac{1}{p}\right)x_k + \frac{a}{p}\frac{1}{x_k^{p-1}}$$

が得られる．命題 1.42 より，$x_0>0$ の値にかかわらず数列 $\{x_k\}$ は真の解に収束する． □

関孝和の近似解法

江戸時代の和算の大家である関孝和(1640 頃–1708)は多くの業績を残しているが，代数方程式の近似解法でも進んだ研究を行なっていた．彼は，今日ホーナー法と呼ばれるものと同じ方法を，ホーナーより1世紀以上前に発見している．彼はこれを「解隠題之法」と名付けた．さらに関は，近似解の精度を一段と高める方法として，「窮商」なるものを考え出したが，この方法は，ニュートンの反復法を代数方程式に適用したものと実質的に同等である．

《まとめ》

1.1　$f(x)=x$ を満たす点を写像 f の不動点という．

1.2　縮小写像は不動点をただ1つもつ(縮小写像の原理)．

1.3　ある種の方程式は，縮小写像の不動点を求める問題に帰着できる．これ

により，解を反復法で求めることが可能となる．

1.4 陰関数定理が縮小写像の原理から導かれる．

1.5 逆関数定理が陰関数定理からただちに導かれる．

1.6 関数の勾配が 0 でないところでは，等高面は滑らかな超曲面になる．

1.7 $\mathbb{R}^n$ 内の m 個の超曲面の共通部分は，一般に $n-m$ 次元部分多様体になる．

1.8 ラグランジュの未定乗数法の幾何学的意味について解説した．

1.9 曲線 $x=\varphi(t)$ が C^1 級であるとは，関数 $\varphi(t)$ が C^1 級で，かつ $\varphi'(t)\neq 0$ が成り立つことをいう．後者の条件をおとすと，特異点が現れうる(例: サイクロイド)．

演習問題

1.1 2つの実数列 $\{a_k\}_{k=0}^{\infty}$ と $\{b_k\}_{k=0}^{\infty}$ が漸化式

$$\begin{cases} a_{k+1}=1+\dfrac{1}{b_k} \\ b_{k+1}=1+\dfrac{1}{a_k} \end{cases} \qquad (k=0,1,2,\cdots)$$

を満たしている．ただし $a_0>0$, $b_0>0$ とする．このとき，この2つの数列は収束することを示せ．

1.2 ある町の精密な地図を，その町の区域内で地面の上に広げたとする．このとき，実際の位置と，それを地図上にマークした点の位置とが完全に一致する地点が必ず存在することを示せ．

1.3 与えられた3角形 ABC の内接円が辺 BC, CA, AB と接する点をそれぞれ A_1, B_1, C_1 とおく．今度は3角形 $A_1B_1C_1$ の内接円が辺 B_1C_1, C_1A_1, A_1B_1 と接する点をそれぞれ A_2, B_2, C_2 とおく．同様の操作を繰り返すとき，3角形 $A_kB_kC_k$ $(k=1,2,3,\cdots)$ の形状は次第に正3角形に近づく，すなわち $\angle A_k, \angle B_k, \angle C_k$ がすべて $\pi/3$ に近づくことを示せ．

1.4 A を n 次正方行列，b を n 次元定ベクトルとし，$\mathbb{R}^n$ からそれ自身への写像 f を $f(x)=Ax+b$ によって定義する．(このような写像をアフィン変換と呼ぶ．) 行列 A の n 個の固有値の絶対値がすべて1より小さいならば，十分大きな

自然数 m に対して f^m が $\mathbb{R}^n$ 上の縮小写像になることを示せ.

1.5　xy 平面上の曲線 $(x,y)=(\log\tan t/2+\cos t, \sin t)$ の特異点の位置と，その付近での曲線の様子を調べよ.

1.6　平面からそれ自身への写像 $(x,y)\mapsto(x(1-y), y(1-x))$ の臨界点と臨界値をすべて求めよ.

1.7　方程式 $x^p+x-1=0$ (ただし $p\geqq 2$) の解を反復法で求めるアルゴリズムを作り，そのアルゴリズムで得られる近似列の収束性を $x>0$ の範囲で論ぜよ.

2

曲線と曲面の解析

図形の計量は，太古の昔から数学の重要なテーマであった．通常の初等幾何的方法で面積や体積を正確に計算できるのは，多角形や多面体など，まっすぐな輪郭をもつ図形に限られる．円や球のように曲がった輪郭をもつ図形の場合は，これをまっすぐな輪郭をもつ図形で「限りなく」近似せねばならない．つまり，何らかの極限論法に訴える必要がある．極限論法とは，いわば，無限に続くプロセスの先にある終極の状態を探り出す議論である．そのような論法を用いて初めて得られる例えば「円の周長×半径＝円の面積の 2 倍」のような公式に，昔の人々は現代人が想像する以上の神秘性を感じていたことだろう．

微分積分法の誕生により，古来の求積法で用いられた複雑な極限論法は，より簡明で体系的な方法で置き換えられ，その結果，はるかに多様な図形の計量ができるようになった．扱う図形のクラスが広がるにつれ，やがて面積や体積の概念そのものも，旧来の素朴なものから，より普遍性の高いものへと進化していった．

本章の前半では，曲線や平面領域の計量に関する一般論を扱う．「長さ」や「面積」の概念をきちんと確立し，その性質を論じるとともに，『微分と積分 2』では簡単な扱いにとどまっていた線積分の意味を詳しく検討する．

本章の後半では，2 次元や高次元のグリーンの公式，およびその関連公式を扱う．グリーンの公式は，ニュートンとライプニッツが発見した微分積分法の基本定理を，いわば高次元の世界に拡張するものである．その重要な応用例として，§2.3(d)ではラプラスの方程式に対するディリクレ原理について簡単に紹介する．

§2.1　曲線上の積分

(a)　曲線の長さ

紀元前3世紀にアルキメデス(Archimedes, 287?–212 B.C.)は，円周率の精密な値を求めるために，円を正多角形で近似する方法を考案した．彼の考え方の基本的な部分を，途中の計算を現代風に整理し直して紹介しよう．

まず，直径1の円が与えられたとして，この円に内接する正6角形と外接する正6角形を作図する．次に，この図をもとに内接正12角形と外接正12角形を作図する．同様の操作を繰り返し，辺の数を倍々にしていくと，円に内接および外接する正24角形，正48角形，正96角形，正192角形，… が順々に作図される(図2.1)．

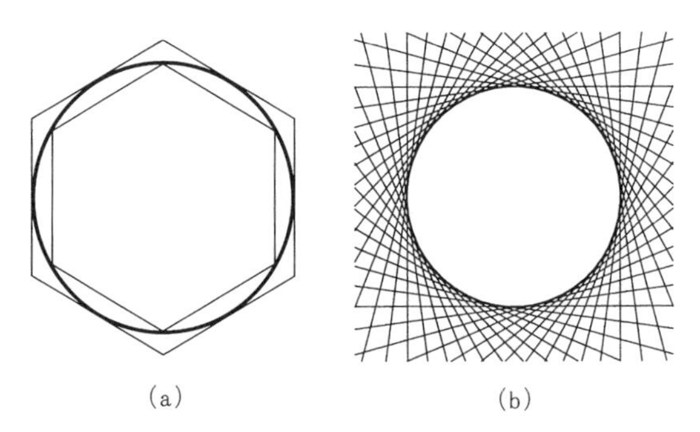

(a)　　　　(b)

図2.1　円の多角形近似．(a) 内接および外接正6角形　(b) 正48角形(円は省略し，各辺を延長した直線のみ表示)

内接正 n 角形と外接正 n 角形の周長をそれぞれ a_n, b_n とおくと，詳しい計算は省くが，3平方の定理より次の関係式が導かれる．

$$a_{2n}=\frac{2a_n}{\sqrt{1-\dfrac{a_n}{n}}+\sqrt{1+\dfrac{a_n}{n}}},\quad b_{2n}=\frac{2b_n}{1+\sqrt{1+\dfrac{b_n^2}{n^2}}}\qquad (n=3,4,5,\cdots).$$

この関係式と $a_6=3$, $b_6=2\sqrt{3}$ から，数列

$$a_6<a_{12}<a_{24}<a_{48}<a_{96}<a_{192}<\cdots$$

$$b_6>b_{12}>b_{24}>b_{48}>b_{96}>b_{192}>\cdots$$

が定まる．n を限りなく大きくしていくと，正 n 角形の形状はやがて真円と区別できなくなるから，a_n も b_n も次第に円の周長($=\pi$)に近付くことが予想される(表 2.1)．

表 2.1　正 n 角形の周長

n の値	a_n	b_n
6	3	3.46410⋯
12	3.10582⋯	3.21539⋯
24	3.13262⋯	3.15965⋯
48	3.13935⋯	3.14608⋯
96	3.14103⋯	3.14271⋯
192	3.14145⋯	3.14187⋯
384	3.14155⋯	3.14166⋯
768	3.14158⋯	3.14161⋯

アルキメデスは $n=96$ まで計算し，その結果から円周率が

$$3\frac{10}{71}\ (\approx 3.140845)<\pi<3\frac{1}{7}\ (\approx 3.142857)$$

の範囲にあることを見いだした．アルキメデスはもっと良い近似値を得ていたとも伝えられるが，詳しいことはわからない．いずれにせよ，10 進法も 3 角法も知らなかったアルキメデスがこれだけの計算をやり遂げるには，人並みはずれた精神力を要したことだろう．しかしその計算結果もさることながら，アルキメデスの業績のより大きな意義は，円の周長を原理的にはいくらでも高い精度で近似する方法を確立した点にある．

後に 3 世紀に入って，中国の魏の劉徽という人物が，正 3072 角形を用い

て $\pi \approx 3.14159$ という近似値を得た．劉徽の方法は，円の面積の近似を通して間接的に周長の近似を得ている点でアルキメデスの方法とは異なるが，多角形近似を用いる精神は共通している．さらに中国南北朝時代の祖沖之(429–500)は，やはり円の多角形近似を用いて $3.1415926 < \pi < 3.1415927$ という評価を導いている．これほどの精度は，ヨーロッパでは16世紀になるまで達成されなかった．

微分積分法が発達した今日では，円周率の計算法は，級数や無限積表示を用いるなど，アルキメデスや劉徽・祖沖之の時代とは比較にならないほど進歩した．その一方で，曲線の長さを折れ線近似の極限としてとらえる発想は，2千年の時を経た現代にもそのまま受け継がれている．この点をもう少し詳しく見てみよう．

Γ を平面内の連続曲線とし，その始点を A，終点を B とする．(ちなみに Γ が円や楕円のような閉曲線の場合は $A=B$ となる．) いま，曲線 Γ の上に点 $P_0(=A), P_1, P_2, \cdots, P_{N-1}, P_N(=B)$ をこの順序にとり，Γ を N 個の弧 $\overset{\frown}{P_0P_1}$，$\overset{\frown}{P_1P_2}$，…，$\overset{\frown}{P_{N-1}P_N}$ に分割してみる．すると

$$\Gamma = \overset{\frown}{P_0P_1} \cup \overset{\frown}{P_1P_2} \cup \cdots \cup \overset{\frown}{P_{N-1}P_N}$$

と書ける．この分割を Δ で表そう．Δ の分点 $P_0, P_1, \cdots, P_N$ を順に線分で結ぶと，Γ の折れ線近似が得られる(図2.2)．この折れ線を Γ_Δ と書き表すと，その長さ $|\Gamma_\Delta|$ は各線分 $P_{k-1}P_k$ の長さの和に等しいから，

$$|\Gamma_\Delta| = \sum_{k=1}^{N} \overline{P_{k-1}P_k}$$

が成り立つ．例えば Γ が円の場合は，$|\Gamma_\Delta|$ は内接多角形の周長を表す．

さて，曲線 Γ を上の意味で近似するあらゆる折れ線を考えよう．それらの

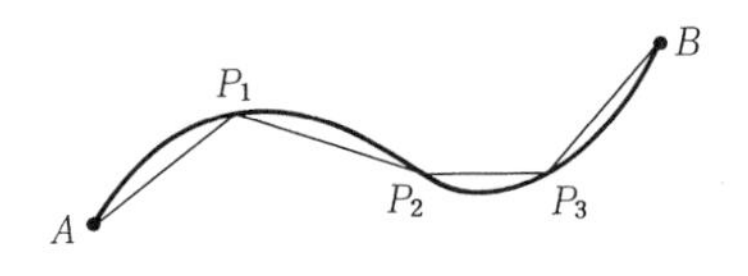

図2.2　曲線の折れ線近似

折れ線の長さの上限を曲線 Γ の**長さ**(length)と呼ぶ．すなわち，曲線 Γ の長さとは，以下で定義される非負の量である．

$$l(\Gamma) = \sup_{\Delta \in \mathcal{P}} |\Gamma_\Delta|. \tag{2.1}$$

ここで $\mathcal{P}$ は曲線 Γ の分割全体の集合を表す．$l(\Gamma) < \infty$ のとき，Γ を**長さのある**(rectifiable)曲線，あるいは**長さ有限**の曲線という．

定義式(2.1)より，曲線 Γ のどのような分割 Δ に対しても不等式

$$|\Gamma_\Delta| \leqq l(\Gamma)$$

が成立する．この事実は，図2.2を見ても直観的に納得できよう．

ところで，実際に $l(\Gamma)$ を計算する際，定義どおりに Γ のあらゆる折れ線近似を考え，その長さの上限を求める，という作業を忠実に実行する必要はない．なぜなら，曲線の分割をどんどん細かくしていきさえすれば，折れ線の長さが $l(\Gamma)$ にいくらでも近付くことが保証されるからである．以下，このことを示そう．

いま，Γ を x_1x_2 平面内の連続曲線とする．連続曲線ゆえ，Γ は適当な連続関数 $\varphi_1(t), \varphi_2(t)$ を用いて

$$(x_1, x_2) = (\varphi_1(t), \varphi_2(t)), \quad a \leqq t \leqq b$$

と助変数表示(パラメータ表示)される．Γ の勝手な分割 Δ に対し，その分点 $P_0, P_1, \cdots, P_N$ の座標を $(\varphi_1(t_k), \varphi_2(t_k))$ $(k=0,1,\cdots,N)$ とおけば，区間 $[a,b]$ 内の点列

$$a = t_0 < t_1 < t_2 < \cdots < t_{N-1} < t_N = b$$

が定まる．以下，分割 Δ の‘刻み幅’を

$$\mathrm{mesh}(\Delta) = \max_{1 \leqq k \leqq N} (t_k - t_{k-1}) \tag{2.2}$$

と定義しておく．

定理 2.1　Γ が長さのある曲線なら，以下が成り立つ．

$$\lim_{\mathrm{mesh}(\Delta) \to 0} |\Gamma_\Delta| = l(\Gamma). \tag{2.3}$$

［証明］　表記の簡略化のため，$x = (x_1, x_2)$，$\varphi = (\varphi_1, \varphi_2)$ とおいて Γ の助

変数表示を次の形に書いておく．

$$x=\varphi(t),\quad a\leqq t\leqq b. \tag{2.4}$$

結論を示すには，どんな正の数εに対しても，$\mathrm{mesh}(\Delta)$が十分小さければ

$$l(\Gamma)-\varepsilon<|\Gamma_\Delta|<l(\Gamma)+\varepsilon$$

が成り立つことをいえばよい．（これをより正確に述べると，「任意の$\varepsilon>0$に対し，十分小さな$\delta>0$をとれば，$\mathrm{mesh}(\Delta)<\delta$を満たす任意の分割$\Delta$に対して上の不等式が成り立つ」ということであるが，誤解の恐れがない場合は，上のような表現も慣例上しばしば用いられる．）後半の不等式は$|\Gamma_\Delta|\leqq l(\Gamma)$より明らかだから，前半の不等式を示す．

まず，(2.1)と上限の意味から，どれだけ$\varepsilon>0$を小さく選んでも，

$$l(\Gamma)-\frac{\varepsilon}{2}<|\Gamma_{\Delta^*}|\leqq l(\Gamma)$$

を満たすような分割Δ^*を見つけることができる．このようなΔ^*を1つ固定し，その分点を$a=t_0^*<t_1^*<\cdots<t_m^*=b$とおく．

さて関数$\varphi(t)$は閉区間$[a,b]$で連続だから，一様連続である．したがって，正の数δを十分小さくとっておけば，

$$|t-t'|<\delta\quad\Longrightarrow\quad|\varphi(t)-\varphi(t')|<\frac{\varepsilon}{4m}$$

が成り立つようにできる．いま，

$$\mathrm{mesh}(\Delta)<\delta$$

を満たす分割Δを任意にとり，その分点を$a=t_0<t_1<\cdots<t_N=b$とおこう．すると$0<t_k-t_{k-1}<\delta$だから，

$$|t_j^*-t_{k_j}|<\delta,\quad j=0,1,\cdots,m$$

を満たすように分点$\{t_k\}$の部分列$a=t_{k_0}\leqq t_{k_1}\leqq\cdots\leqq t_{k_m}=b$が選べる．この部分列が定める$\Gamma$の分割を$\tilde{\Delta}$とおくと

$$\begin{aligned}|\Gamma_{\tilde{\Delta}}|&=\sum_{j=1}^m|\varphi(t_{k_j})-\varphi(t_{k_{j-1}})|\\&\geqq\sum_{j=1}^m\left(|\varphi(t_j^*)-\varphi(t_{j-1}^*)|-|\varphi(t_{k_j})-\varphi(t_j^*)|-|\varphi(t_{k_{j-1}})-\varphi(t_{j-1}^*)|\right)\end{aligned}$$

$$>|\Gamma_{\Delta^*}|-\frac{\varepsilon}{4}-\frac{\varepsilon}{4}>l(\Gamma)-\varepsilon \tag{2.5}$$

が成り立つ．一方，分割 Δ は $\tilde{\Delta}$ に分点を付加したものだから，$|\Gamma_{\tilde{\Delta}}|\leqq|\Gamma_\Delta|$. これより所期の不等式 $l(\Gamma)-\varepsilon<|\Gamma_\Delta|$ が得られる． ∎

注意 2.2　曲線 Γ の助変数表示の仕方は，むろんひと通りではない．Γ が長さのある曲線の場合，標準的な助変数の入れ方として，Γ の各点 P に実数 $s=l(\widehat{AP})$ を対応させる方法がある(ここで $0\leqq s\leqq l(\Gamma)$)．これを曲線の**弧長による表示**と呼ぶ．弧長による表示を用いた場合，

$$\mathrm{mesh}(\Delta)=\max_{1\leqq k\leqq N} l(\widehat{P_{k-1}P_k})$$

となる．助変数の入れ方を特に指定していない場合は，$\mathrm{mesh}(\Delta)$ は上の意味に解釈するものとする．

さて，『微分と積分 2』で学んだように，Γ が滑らかな曲線であれば，その長さが積分を用いて計算できる．この事実をもう一度復習しておこう．

定理 2.3　曲線 Γ は，C^1 級の関数 $\varphi(t)$ を用いて(2.4)の形に助変数表示されるとする．このとき Γ は長さ有限で，以下が成り立つ．

$$l(\Gamma)=\int_a^b\left|\frac{d\varphi}{dt}(t)\right|dt\ \left(=\int_a^b\sqrt{\left(\frac{d\varphi_1}{dt}\right)^2+\left(\frac{d\varphi_2}{dt}\right)^2}\,dt\right). \tag{2.6}$$

[証明]　概略を示す．Δ を Γ の任意の分割とすると，

$$|\Gamma_\Delta|=\sum_{k=1}^N|\varphi(t_k)-\varphi(t_{k-1})|=\sum_{k=1}^N\left|\int_{t_{k-1}}^{t_k}\frac{d\varphi}{dt}dt\right|.$$

一方，$d\varphi/dt$ は有限閉区間 $[a,b]$ 上で連続だから一様連続である．よって

$$\begin{aligned}\left|\int_{t_{k-1}}^{t_k}\frac{d\varphi}{dt}dt\right|&=\left|\int_{t_{k-1}}^{t_k}\frac{d\varphi}{dt}(t_{k-1})dt\right|+O\left(\int_{t_{k-1}}^{t_k}\left|\frac{d\varphi}{dt}(t)-\frac{d\varphi}{dt}(t_{k-1})\right|dt\right)\\&=\left|\frac{d\varphi}{dt}(t_{k-1})\right|(t_k-t_{k-1})+o(|t_k-t_{k-1}|)\end{aligned}$$

が成り立つ．(ランダウの記号 $O(\cdots)$ や $o(\cdots)$ については第1章の注意 1.13 で説明した．) これより，

$$|\Gamma_\Delta| = \sum_{k=1}^{N}\left|\frac{d\varphi}{dt}(t_{k-1})\right|(t_k - t_{k-1}) + \sum_{k=1}^{N} o(|t_k - t_{k-1}|)$$

となる．$\mathrm{mesh}(\Delta)\to 0$ のとき，上式の右辺の第2項は0に収束し，第1項は(2.6)の右辺に収束する．よって等式(2.6)が成立する．∎

系2.4　助変数表示(2.4)をもつ曲線 Γ の始点 $\varphi(a)$ を A で，点 $\varphi(t)$ を P_t と書き表すと，関係式

$$s = l(\widehat{AP_t}) \tag{2.7}$$

によって弧長パラメータ s は t の関数と見なせる．もし関数 $\varphi(t)$ が C^1 級ならば，s も t について C^1 級で，以下の関係式が成り立つ．

$$\frac{ds}{dt} = \sqrt{\left(\frac{d\varphi_1}{dt}\right)^2 + \left(\frac{d\varphi_2}{dt}\right)^2}\,. \tag{2.8}$$

［証明］　定理2.3より，次の等式が成り立つ．

$$l(\widehat{AP_t}) = \int_a^t \sqrt{\left(\frac{d\varphi_1}{dt}(\tau)\right)^2 + \left(\frac{d\varphi_2}{dt}(\tau)\right)^2}\,d\tau\,.$$

この両辺を t で微分すればよい．∎

系2.5　1変数の C^1 級関数 $y=f(x)$ $(a \leqq x \leqq b)$ のグラフの長さは，

$$\int_a^b \sqrt{1+f'(x)^2}\,dx$$

で与えられる．□

注意2.6　C^1 級関数 $\varphi(t)$ を用いて $x=\varphi(t)$ と助変数表示できる曲線は，必ずしも C^1 級の曲線とは限らない．例えば区分的に C^1 級の曲線もこの形に表示できる(§1.3(c)の注意1.39参照)．したがって，定理2.3は，区分的に C^1 級の曲線にもそのまま適用できる．

注意2.7　本節ではこれまで，両端点をもつ曲線だけを扱ってきた．このような曲線を**閉弧**(closed arc)と呼ぶ．前にも述べたように，円や楕円のような**閉曲線**(closed curve)は，閉弧の両端点が一致したものと見なすことで，その長さが上と同じように定義できる．これに対し，助変数の定義域が $a<t<b$ あるいは

$-\infty<t<+\infty$ のように開区間になっている曲線は**開弧**(open arc)と呼ばれる．Γ が開弧の場合には，Γ に含まれる閉弧の長さの上限をもって Γ の長さと定義する．この定義により，直線や放物線の長さはむろん無限大になる．しかし，その部分部分の断片の長さは有限である．このように，曲線 Γ をその上の各点の十分小さな近傍内に制限すれば長さ有限になるとき，Γ は **局所的に長さ有限**(locally rectifiable)の曲線，または**局所的に長さのある**曲線であるという．定理 2.3 より，C^1 級の開弧は局所的に長さ有限である．

注意 2.8 平面 $\mathbb{R}^2$ 上の曲線が平面曲線と呼ばれるのに対し，空間 $\mathbb{R}^3$ 内の曲線は**空間曲線**と呼ばれる．空間曲線の場合も，定理 2.1 や定理 2.3 の式(2.6)はそのまま成立する．なぜなら，空間曲線の助変数表示を 3 次元変数

$$x=(x_1,x_2,x_3),\quad \varphi=(\varphi_1,\varphi_2,\varphi_3)$$

を用いて(2.4)の形に書き表しておけば，上記の定理の証明が空間曲線に対してもそのまま使えるからである．もっと高次元の空間 $\mathbb{R}^n$ 内の曲線についても同様である．

問 1 相異なる 2 点を結ぶ最短経路が直線になることを以下の手順で示せ．

(1) 2 点 A,B を結ぶ任意の曲線 Γ に対し $l(\Gamma)\geqq\overline{AB}$.

(2) 上で等号が成り立つのは $\Gamma=AB$ の場合に限る．

(ヒント．P を Γ 上の点とし，3 点 A,P,B を結ぶ折れ線を考えよ．)

問 2 曲線 Γ の助変数表示(2.4)に現れる $\varphi(t)$ の各成分が t について広義単調であれば，以下の不等式が成り立つことを示せ．

$$l(\Gamma)\leqq|\varphi_1(b)-\varphi_1(a)|+|\varphi_2(b)-\varphi_2(a)|.$$

問 3 次の曲線の長さを求めよ．

(1) サイクロイド：$x=t-\sin t,\ y=1-\cos t\quad(0\leqq t\leqq 2\pi)$.

(2) 懸垂線：$y=\dfrac{e^{\alpha x}+e^{-\alpha x}}{2\alpha}\quad(a\leqq x\leqq b)$.

(b) 長さの基本性質

「長さ」の概念は，まずその意味が明確な「線分の長さ」から出発して，

(A)線分の長さ $\longrightarrow$ (B)折れ線の長さ $\longrightarrow$ (C)一般の曲線の長さ

という順序で一般化された．こうして得られた「長さ」という量は，当然のことながら「線分の長さ」がもつさまざまな基本的性質をそのまま受け継い

でいる．一方で，線分の世界では見られなかった曲線に特有の現象も現れる．これらの点について見ていこう．

まずいくつかの用語を定義しておく．連続曲線 Γ の助変数表示 $x=\varphi(t)$ $(a \leqq t \leqq b)$ における関数 $\varphi(t)$ が区間 $[a,b]$ 上で1対1である，すなわち

$$t \neq t' \quad \Longrightarrow \quad \varphi(t) \neq \varphi(t') \tag{2.9}$$

が成り立つとき，Γ を**単純弧**(simple arc)あるいは**ジョルダン弧**(Jordan arc)と呼ぶ．ジョルダン弧とは，言いかえれば，重複点をもたない連続曲線のことである．また，両端点 $\varphi(a)$ と $\varphi(b)$ が一致する曲線を**閉曲線**(closed curve)と呼び，両端点を除いて重複点をもたない閉曲線を**単純閉曲線**または**ジョルダン曲線**という．

命題 2.9　長さのあるジョルダン弧 Γ を勝手な分点によって2つの曲線 Γ_1, Γ_2 に分割すると，

$$l(\Gamma) = l(\Gamma_1) + l(\Gamma_2) \tag{2.10}$$

が成立する．同様の結果は閉曲線に対しても成立する．

[証明]　曲線 Γ を Γ_1, Γ_2 に分割する点を P とする．いま，Γ の分割 Δ で，点 P を分点の1つに含むものを考えると，Δ は Γ_1, Γ_2 の分割を与える．これらの分割が定める曲線 $\Gamma, \Gamma_1, \Gamma_2$ の近似折れ線をそれぞれ $\Gamma_\Delta, (\Gamma_1)_\Delta, (\Gamma_2)_\Delta$ とおくと，折れ線 Γ_Δ は2つの折れ線 $(\Gamma_1)_\Delta, (\Gamma_2)_\Delta$ を点 P でつないだものに他ならず，また，折れ線の長さは，それを構成する各線分の長さの単純和として定義されるから，

$$|\Gamma_\Delta| = |(\Gamma_1)_\Delta| + |(\Gamma_2)_\Delta|$$

が成り立つ．ここで $\mathrm{mesh}(\Delta) \to 0$ として上式の両辺の極限をとれば，(2.10) が得られる．∎

命題 2.10　曲線を回転したり平行移動しても，長さは変化しない．

[証明]　まず，線分の長さが回転や平行移動で不変であるのは，ユークリッド空間における距離の定め方から明らかである．したがって，線分を有限個つないだ任意の折れ線の長さも回転や平行移動で不変である．ところで一般の曲線の長さは近似折れ線の長さの極限で与えられるから，結局これも回転や平行移動で変化しないことがわかる．∎

命題 2.11　助変数表示 $x=\varphi(t)$ $(a \leqq t \leqq b)$ をもつ曲線 Γ に対し，その定数 λ 倍，すなわち助変数表示 $x=\lambda\varphi(t)$ $(a \leqq t \leqq b)$ をもつ曲線を $\lambda\Gamma$ と書き表すことにする．このとき，次が成り立つ．

$$l(\lambda\Gamma) = |\lambda|\, l(\Gamma)\,. \tag{2.11}$$

［証明］　曲線 Γ の折れ線近似 Γ_Δ を与えたとき，それを λ 倍した折れ線 $\lambda\Gamma_\Delta$ は，曲線 $\lambda\Gamma$ の近似折れ線になる．その長さを計算すると，

$$|\lambda\Gamma_\Delta| = \sum_{j=1}^{m} |\lambda\varphi(t_{k_j}) - \lambda\varphi(t_{k_{j-1}})| = \sum_{j=1}^{m} |\lambda||\varphi(t_{k_j}) - \varphi(t_{k_{j-1}})|$$

となる．ここで $\mathrm{mesh}\,(\Delta) \to 0$ として上式の極限をとれば，(2.11)が得られる． ∎

上の2つの命題は，直観的には当たり前の事実であり，なぜこのような当たり前のことをわざわざ証明しなければならないのか，いぶかる読者諸賢もおられるだろう．しかしながら，そもそも長さという量を(2.1)で定める必然性は必ずしも自明ではない．したがって，(2.1)で定めた量が，実際に「長さ」と呼ぶにふさわしい性質をもつかどうかは，一応確かめなければならないことである．上述の命題は，いわば，「長さ」を(2.1)で定義することの正当性を確認する性格を帯びているのである．

最後に，長さの重要な性質をもう1つ掲げよう．これは，第3章で述べる変分問題の解の存在証明に役立つ．

定理 2.12　平面(または $\mathbb{R}^n$)内の連続曲線の列 $\Gamma_1, \Gamma_2, \Gamma_3, \cdots$ が与えられているとし，各 Γ_k の助変数表示を $x=\varphi_k(t)$ $(a \leqq t \leqq b)$ とする．いま，関数列 $\{\varphi_k(t)\}$ が区間 $[a,b]$ 上で連続関数 $\varphi(t)$ に収束するとし，助変数表示 $x=\varphi(t)$ が定める曲線を Γ とおく．このとき，以下が成り立つ．

$$l(\Gamma) \leqq \varliminf_{k\to\infty} l(\Gamma_k). \tag{2.12}$$

［証明］　下極限 $\varliminf$ の概念は既知として話を進める(詳しくは第3章を参照されたい)．区間 $[a,b]$ の勝手な分割

$$\Delta:\ a = t_0 < t_1 < \cdots < t_N = b$$

が定める Γ と Γ_k の近似折れ線をそれぞれ $\Gamma_\Delta, (\Gamma_k)_\Delta$ とおくと，

$$|\Gamma_\Delta| = |\varphi(t_0)-\varphi(t_1)|+\cdots+|\varphi(t_{N-1})-\varphi(t_N)|,$$
$$|(\Gamma_k)_\Delta| = |\varphi_k(t_0)-\varphi_k(t_1)|+\cdots+|\varphi_k(t_{N-1})-\varphi_k(t_N)|$$

である．よって

$$|\Gamma_\Delta| = \lim_{k\to\infty}|(\Gamma_k)_\Delta|.$$

これと $|(\Gamma_k)_\Delta| \leqq l(\Gamma_k)$ より，

$$|\Gamma_\Delta| \leqq \varliminf_{k\to\infty} l(\Gamma_k).$$

ここで，あらゆる分割 Δ について左辺の上限をとると，$l(\Gamma) \leqq \varliminf_{k\to\infty} l(\Gamma_k)$ が得られる． ∎

注意 2.13　上の定理で関数列 $\{\varphi_k(t)\}$ が一様収束(第3章)することは仮定していない．しかし，たとえ $\varphi_k(t)$ が $\varphi(t)$ に一様収束しても，(2.12)で等号は必ずしも成り立たない．

例えば，図2.3に示した曲線列 Γ_k の長さはつねに $\sqrt{2}\times\overline{AB}$ に等しいが，一方で $\{\Gamma_k\}$ は線分 AB に収束するから，$\lim_{k\to\infty} l(\Gamma_k) > l(\lim_{k\to\infty}\Gamma_k)$ となる．

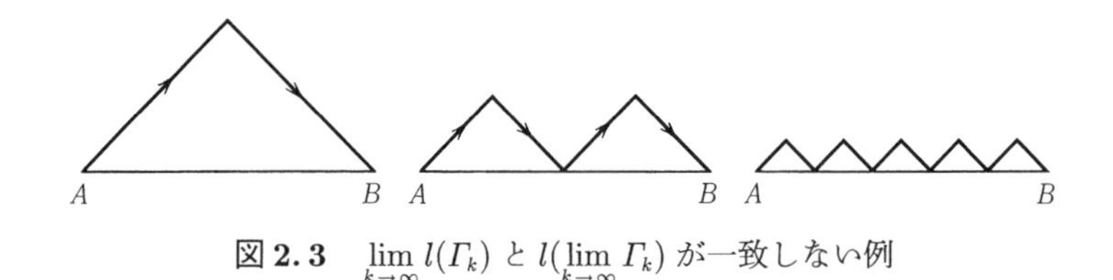

図 2.3　$\lim_{k\to\infty} l(\Gamma_k)$ と $l(\lim_{k\to\infty}\Gamma_k)$ が一致しない例

問 4　導関数 $d\varphi_k/dt$ が $d\varphi/dt$ に一様収束すれば，(2.12)で等号が成り立つことを示せ．

(c) 線積分

曲線上で何らかの量を積分することを総称して**線積分**(curvilinear integral)という．例えば $f(x,y)$ をある平面領域上で定義された関数とし，Γ をこの領域内の曲線とすると，『微分と積分2』で学んだように，以下のような線積分を考えることができる．

新しい曲線の発見

古代ギリシャのヒッピアス(Hippias, B.C.5世紀後半)は，直線でも円でもない曲線をはじめて明確に定義した人物として知られる．彼が考えた曲線はクアドラトリックス(円積曲線)と今日呼ばれており，これは，下図で点Oを中心として一定の速さで回転する動径OPと，一定の速さで平行移動する線分QRとの交点Sが描く軌跡として定まる．ただし，動径OPと線分QRは，それぞれOAおよびABの位置から同時刻に出発し，その最終位置ODとDCに同時刻に到達するものとする．

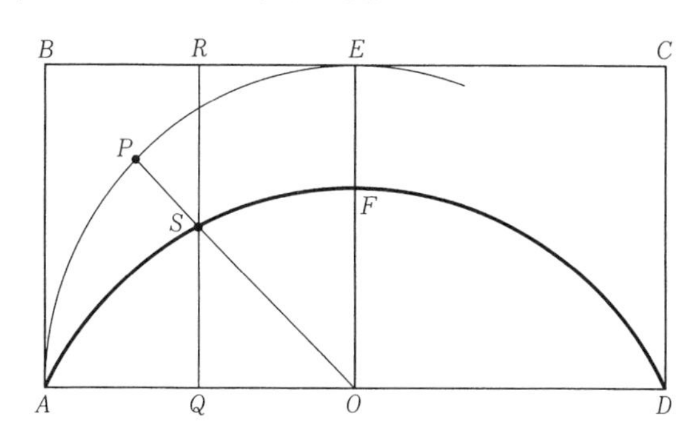

クアドラトリックス

ヒッピアスがいかなる経緯でこの曲線を考えついたかは定かでないが，後の時代のパップス(Pappus, 4世紀)の著作には，この曲線を用いて「円積問題」が解けることが示されており，この性質がこの曲線の名称の由来となっている(演習問題2.1参照)．「円積問題」とは，与えられた円と同じ面積の正方形を作図する問題のことで，角の3等分問題，立方体の倍積問題と並んで，古代ギリシャ以来の難問であった．19世紀後半にリンデマン(C. L. F. Lindemann)が円周率πが超越数であることを証明し，これにより円積問題が作図不可能問題，すなわち定規とコンパスだけで作図できない問題であることが明らかになった．

では，なぜクアドラトリックスを用いると円の正方形化が可能なのだろうか？　実はこの曲線自体が，そもそも厳密な意味では作図できない図形なのである．もう少し詳しくいうと，線分AD上に任意に点Xを選んだとき，点 Q がちょうど X の位置を通過する時刻に動径 OP がどの位置にあるかを定規とコンパスだけで正確に割り出すことは，選んだ点 X がたまたま特別の位置にある場合を除いて，一般に不可能なのである．したがって，線分 QR と動径 OP の交点 S の正確な位置も当然求まらないことになる．これは，円や楕円や放物線などの2次曲線とは決定的に異なる性質である．

とはいえ，クアドラトリックスをいくらでも高い精度で作図することも，これまた可能である．それには，線分 QR と動径 OP の運動を，全体の時間を 2^n 等分して飛び飛びの時刻に観察すればよい．これら特定の時刻における交点 S の正確な位置は，すべて定規とコンパスだけで決定できる．なぜなら，線分や角度を 2^n 等分する操作は，定規とコンパスを用いて厳密に行なえるからである．よって n を大きくしていけば，クアドラトリックスが十分な精密さで描けるわけである．

話変わって，紀元前3世紀に活躍したアルキメデスは，数多く曲線やさまざまな図形の性質を研究したことでも知られるが，その1つにアルキメデスの螺旋(らせん)がある．この曲線は，今日流には，極座標で $r=a\theta$ と表示される．アルキメデスの螺旋を用いても円の正方形化が可能である．なお，アルキメデスは彼の螺旋に接線を引く方法も論じており，彼の死後1900年近くを経て誕生した微分法の考え方の萌芽が，早くもここに認められる．

$$\int_\Gamma f(x,y)dx, \quad \int_\Gamma f(x,y)dy, \quad \int_\Gamma f(x,y)ds\,. \tag{2.13}$$

これらの線積分は具体的には次のように定義される．まず，曲線 Γ の勝手な分割 Δ に対してその分点を $P_k=(x_k,y_k)$ $(k=0,1,\cdots,N)$ とおき，有限和

$$\sum_{k=1}^N f(Q_k)(x_k-x_{k-1}), \quad \sum_{k=1}^N f(Q_k)(y_k-y_{k-1}),$$

$$\sum_{k=1}^N f(Q_k)\,l(\overset{\frown}{P_{k-1}P_k}) \tag{2.14}$$

を考える．ここで Q_k $(k=1,2,\cdots,N)$ は弧 $\overset{\frown}{P_{k-1}P_k}$ 上の勝手な点である(図

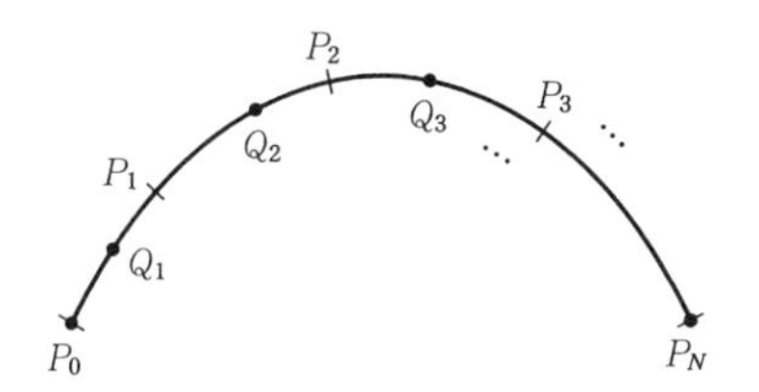

図 **2.4**　曲線 Γ 上の分点

2.4).

分割 Δ のとり方や点 $Q_k \in \widehat{P_{k-1}P_k}$ の選び方に関わりなく，$\mathrm{mesh}(\Delta) \to 0$ のとき上記の有限和がそれぞれ何らかの値に収束するとき，これらの極限値を(2.13)の記号で表し，それぞれ，**x に関する線積分**，**y に関する線積分**および**線素に関する線積分**と呼ぶ．また，Γ をこれらの線積分の**積分路**という．

定理 2.14　$f(x,y)$ が連続関数で，Γ が長さのある曲線なら，(2.13)の 3 つの線積分はいずれも確定した値をもつ．　□

はじめの 2 つの線積分の存在は，付録 A で述べるリーマン–スティルチェス積分の一般論からただちに導かれる．なぜなら，曲線 Γ の助変数表示を $(x,y)=(\varphi(t),\psi(t))$ $(a \leqq t \leqq b)$ とすると，これらの線積分は次のようなスティルチェス積分で表されるからである．

$$\int_\Gamma f(x,y)dx = \int_a^b f(\varphi(t),\psi(t))d\varphi(t), \tag{2.15}$$

$$\int_\Gamma f(x,y)dy = \int_a^b f(\varphi(t),\psi(t))d\psi(t). \tag{2.16}$$

詳細は付録 A を参照されたい．ただ，現段階ではスティルチェス積分について知らなくても神経質になる必要はない．それよりも，これらの線積分の意味を直観的にきちんと把握しておくことの方が重要である．したがって，上の定理の証明は後回しにして先に進んでも一向にかまわない．

ところで 3 番目の線素に関する線積分は，はじめの 2 つの線積分と性格が異なるので説明を加えておこう．この線積分の積分変数には，(2.7)で導入した弧長パラメータと同じ文字 s が用いられている．これはもちろん偶然ではない．つまり，線素に関する線積分は，弧長パラメータに関する積分に他ならない．なぜなら，曲線 Γ 上の点を弧長パラメータ s を用いて $P(s)$ と表し，

$$P_k = P(s_k)\ (k=0,1,\cdots,N),\quad Q_k = P(\xi_k)\ (k=1,2,\cdots,N)$$

となるように区間 $[0,l(\Gamma)]$ 上の点 $0=s_0 \leqq \xi_1 \leqq s_1 \leqq \xi_2 \leqq \cdots \leqq \xi_N \leqq s_N = l(\Gamma)$ を定めると，(2.14)は次のように書き直される．

$$\sum_{k=1}^{N} f(P(\xi_k))(s_k - s_{k-1}).$$

ここで分割の幅を細かくしていくと，連続関数はリーマン積分可能だから(付録 A の系 A.12 参照)，この値は以下の積分に収束する．

$$\int_0^{l(\Gamma)} f(P(s))ds.$$

こうして，関数 f の線素に関する線積分が存在すること，および

$$\int_\Gamma f(x,y)ds = \int_0^{l(\Gamma)} f(P(s))ds \tag{2.17}$$

が成り立つことがわかった．

さて，(2.17)で $f\equiv 1$ とおけば，

$$l(\Gamma) = \int_\Gamma ds \tag{2.18}$$

が成り立つ．また，Γ が閉曲線であれば，

$$\int_\Gamma dx = \int_\Gamma dy = 0$$

が成り立つのも，積分の定義から明らかであろう．

注意 2.15　同じ曲線上の積分でも，積分路の向きを逆にすると，x や y に関する線積分は符号が逆になる(ただし線素に関する線積分の値に変化はない)．以後，積分路の向きを図 2.5 のように矢印で表すことにする．

定理 2.16　Γ は助変数表示 $x=\varphi(t)$, $y=\psi(t)$ $(a \leqq t \leqq b)$ をもつ C^1 級の曲線であるとし，$f(x,y)$ を連続な関数とすると，

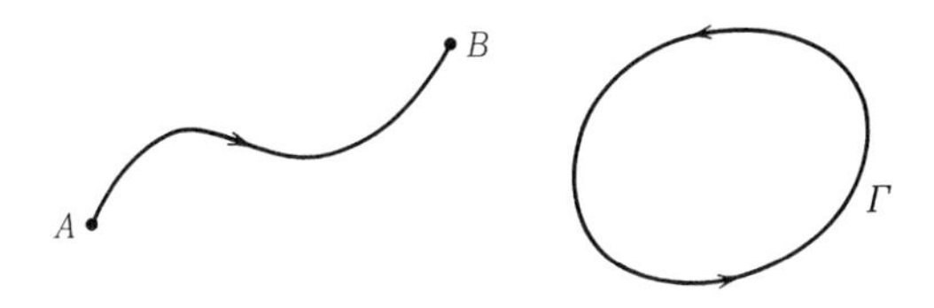

図 2.5　積分路の向き

$$\int_\Gamma f(x,y)dx = \int_a^b f(\varphi(t),\psi(t))\varphi'(t)dt, \tag{2.19}$$

$$\int_\Gamma f(x,y)dy = \int_a^b f(\varphi(t),\psi(t))\psi'(t)dt, \tag{2.20}$$

$$\int_\Gamma f(x,y)ds = \int_a^b f(\varphi(t),\psi(t))\sqrt{\varphi'(t)^2+\psi'(t)^2}\,dt \tag{2.21}$$

が成り立つ．

［証明］　まず，(2.19)と(2.20)は，付録 A の定理 A.10 の直接の帰結である．次に，(2.21)は(2.8)より明らかである． ∎

系 2.17　C^1 級曲線 Γ の弧長による表示を $(x,y)=P(s)$ $(0 \leqq s \leqq l(\Gamma))$ とし，点 $P(s)$ における Γ の接線(ただし s が増加する方向)が x 軸となす角を $\theta(s)$ とする．このとき，以下が成り立つ．

$$\int_\Gamma f(x,y)dx = \int_\Gamma f(x,y)\cos\theta\,ds, \quad \int_\Gamma f(x,y)dy = \int_\Gamma f(x,y)\sin\theta\,ds\,.$$

［証明］　$\cos\theta = \varphi'/\sqrt{(\varphi')^2+(\psi')^2}$, $\sin\theta = \psi'/\sqrt{(\varphi')^2+(\psi')^2}$ より明らか． ∎

例題 2.18　Γ を xy 平面上の単位円 $x^2+y^2=1$ とする．次の積分を求めよ．

$$\int_\Gamma -y\,dx + x\,dy\,.$$

［解］　Γ を $x=\cos t$, $y=\sin t$ $(0 \leqq t \leqq 2\pi)$ と助変数表示すると，定理 2.16 より，

$$\int_{\Gamma} -y\,dx + x\,dy = \int_0^{2\pi} \{(-\sin t)^2 + (\cos t)^2\}\,dt = \int_0^{2\pi} dt.$$

よってこの積分値は 2π である. ∎

問5　xy 平面上に2点 A, B が与えられているとし，A を出発して B に至る C^1 級曲線 Γ 上で次の積分を考える.

$$\int_{\Gamma} \frac{x}{x^2+y^2}\,dx + \frac{y}{x^2+y^2}\,dy\,.$$

ただし Γ は原点は通らないものとする．この積分値が，点 A, B のみで決まり，途中の積分路 Γ に依存しないことを示せ.

§2.2　面積と境界積分

(a)　平面領域の面積

19世紀半ばまでは平面図形が面積をもつことは自明の理とされ，人々の関心はもっぱら面積の計算法に向けられていた．しかし19世紀後期には，面積とはそもそも何であるかを問い直す研究が盛んに行なわれるようになり，ペアノ(G. Peano)やジョルダン(C. Jordan)によってきちんとした面積の定義が導入された．これらの面積の概念は，20世紀に入って，より普遍性の高いルベーグ測度の理論へと発展していく．以下ではジョルダンの定義した面積の概念について説明しよう.

D を xy 平面内の有界領域とし，その境界を Γ とする．図2.6に示したように，xy 平面を1辺の長さが δ の正方形の区画に分割し，

$E_\delta = D$ にすっぽり覆われる区画全体の合併集合,

$F_\delta = D$ と共通部分をもつ区画全体の合併集合

とおいてみる．すると次の関係式が成り立つのは明らかである.

$$E_\delta \subset D \subset F_\delta\,.$$

各区画の面積は δ^2 であるから，E_δ, F_δ の面積は，それを構成する区画の個数からただちに計算できる．この面積をそれぞれ $|E_\delta|, |F_\delta|$ と表そう．すると，以下の2つの値が確定する.

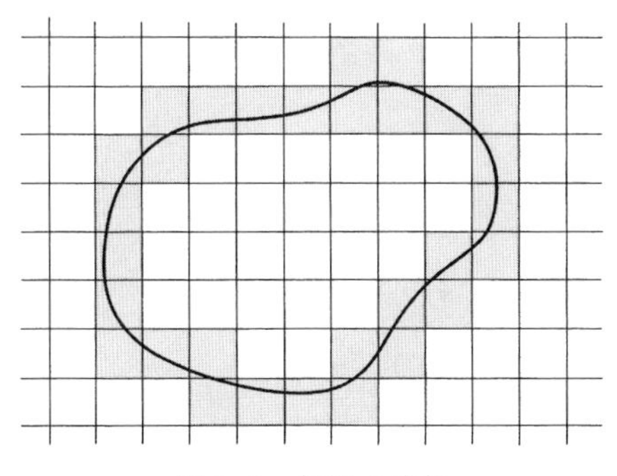

図 **2. 6**　領域の分割

$$\sup_{\delta>0} |E_\delta|, \quad \inf_{\delta>0} |F_\delta|. \tag{2.22}$$

前者を領域 D の**内面積**(inner area)，後者を**外面積**(outer area)という．両者が一致するとき，領域 D はジョルダンの意味で**面積確定**であるといい，その値を D の**面積**(area)と呼ぶ．本書では D の面積を記号 $\mathcal{A}(D)$ で表し，内面積および外面積をそれぞれ $\mathcal{A}_*(D), \mathcal{A}^*(D)$ で表すことにする．

注意 2. 19　「領域」という言葉は，数学の世界では本来「連結な開集合」を意味する．領域の閉包，すなわち領域にその境界を付け加えたものを閉領域という．本節では，領域という言葉を，本来の領域や閉領域を含む漠然と広い意味合いで用いている．したがって，領域という言葉の正確な定義に現時点で詳しくない読者も，とくに神経質になる必要はない．実際，これから述べる内容のほとんどは，D が平面内の有界部分集合でありさえすれば成り立つのである．なお，開集合の正確な定義は §3.3 で与える．

命題 2. 20　内面積と外面積について以下が成立する．

$$\mathcal{A}_*(D) = \lim_{\delta\to 0} |E_\delta|, \quad \mathcal{A}^*(D) = \lim_{\delta\to 0} |F_\delta|. \qquad \square$$

この命題は，長さに関する定理 2.1 に対応するものである．証明もある程度同じようにできるので，ここでは割愛する．

系 2. 21　D が面積確定であることと，図 2.6 に示した陰影部の面積が $\delta\to 0$ のとき 0 に収束することとは同値である．

［証明］　陰影部分の面積は $|F_\delta|-|E_\delta|$ に等しいから，命題2.20より同値性は明らかである．∎

上の系からわかるように，領域 D が面積確定であるための必要十分条件は，その境界 Γ を覆う区画の合計面積をいくらでも小さくできることである．一般に，ある図形 W が図形の族 $\{R_\lambda\}_{\lambda\in\Lambda}$ によって覆われる，すなわち

$$W \subset \bigcup_{\lambda\in\Lambda} R_\lambda$$

が成り立つとき，$\{R_\lambda\}_{\lambda\in\Lambda}$ を W の**被覆**(covering)と呼ぶ．この際，相異なる R_λ どうしが共通部分をもっていてもかまわない．また，被覆に用いる図形の個数は無限個でもよい．有限個の図形による被覆をとくに**有限被覆**という．図2.6で陰影を入れた区画の全体は，境界 Γ の有限被覆をなす．

さて，面積確定性を被覆の言葉で特徴づけることができる．

命題2.22　平面内の有界領域 D の境界を Γ とおく．以下の3条件は同値である．

(a)　D は面積確定である．

(b)　どれだけ小さな正の数 ε に対しても，境界 Γ の正方形による有限被覆でその面積の総和が ε より小さいものが存在する．

(c)　どれだけ小さな正の数 ε に対しても，境界 Γ の**矩形**(すなわち正方形または長方形)による有限被覆でその面積の総和が ε より小さいものが存在する．ただしここで各矩形の大きさや縦横比はまちまちであることを許すものとする(図2.7)．

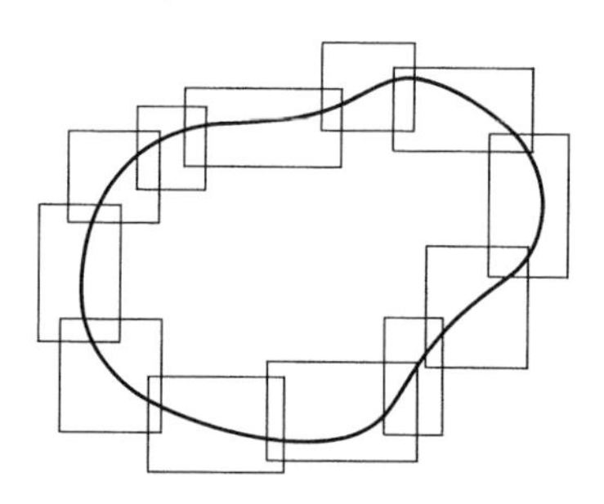

図2.7　矩形による境界 Γ の被覆の一例

［証明］(a)$\Longrightarrow$(b)は系2.21よりただちに従い，(b)$\Longrightarrow$(c)は明らかである．以下，(c)を仮定して(a)を導こう．任意の正の数εに対し

$$\Gamma \subset \bigcup_{k=1}^{m} R_k, \quad \sum_{k=1}^{m} |R_k| < \varepsilon \tag{2.23}$$

が成り立つような矩形の列$R_1, R_2, \cdots, R_m$を1つ選ぶ．これらの矩形の縦と横の辺の中で最も短いものの長さをdとおく．

いま，図2.6のように平面を1辺の長さδの正方形の区画に分割し，これらの区画のうちで$\bigcup_{k=1}^{m} R_k$と共通部分のあるものの全体を$S_1, S_2, \cdots, S_N$とおく．すると図2.6の陰影部が$\bigcup_{j=1}^{N} S_j$に含まれることは明らかである．さて，個々の矩形R_kに着目すると，これと共通部分をもつ正方形区画の合併集合は再び矩形をなす．この矩形の面積は，R_kの縦横の辺の長さをα, βとおくと$(\alpha+2\delta)(\beta+2\delta)$で抑えられる．よって$\delta \leqq d$であれば，この矩形の面積は$9|R_k|$を越えない．これより，$\delta \leqq d$のとき

$$\text{陰影部の面積} \leqq \sum_{j=1}^{N} |S_j| \leqq 9 \sum_{k=1}^{m} |R_k| < 9\varepsilon$$

が成り立つことがわかる．ここでεは任意の正の数だから，9εの値はいくらでも小さくできる．したがって上の不等式は，δを十分小さくとれば陰影部の面積がいくらでも小さくできることを意味している．よって系2.21よりDは面積確定である．∎

問6　領域Dが面積確定であるための必要十分条件は，どれだけ小さな正の数εに対しても，境界Γの**円板**(すなわち円形領域)による有限被覆でその面積の総和がεより小さいものが存在することである．これを示せ．

定理2.23　平面内の有界領域Dの境界Γが長さのある曲線なら，Dの面積は確定する．

［証明］図2.6のようにxy平面を1辺δの区画に分割し，境界Γと共通部分をもつ区画の個数を$N(\delta)$とおく．これら$N(\delta)$個の相異なる区画のそれぞれから曲線Γに属する点を1点ずつ選び，それを曲線Γに沿って順に

並べたものを $P_1, P_2, \cdots, P_{N(\delta)}$ とする．

さて一般に，相異なる5個の正方形の区画をどのようにとっても，その中に互いに隣接しない区画の組が必ず存在する．この事実から，

$$\overline{P_kP_{k+1}}+\overline{P_{k+1}P_{k+2}}+\overline{P_{k+2}P_{k+3}}+\overline{P_{k+3}P_{k+4}} \geqq \delta \tag{2.24}$$

が任意の $k=1,2,\cdots,N(\delta)$ に対して成り立つことがわかる．ただしここで，添字は $\bmod N(\delta)$ で考えるものとする．（すなわち $P_{N(\delta)+j}=P_j$ と見なす．）点 $P_1, P_2, \cdots, P_{N(\delta)}, P_1$ をこの順に結んでできる閉じた折れ線の長さを l_δ とおくと，$l_\delta \leqq l(\Gamma)$ となる．一方，(2.24)を k について足し合わせると

$$4l_\delta \geqq N(\delta)\delta$$

となるから，これらより

$$N(\delta) \leqq \frac{4l(\Gamma)}{\delta}$$

を得る．図2.6の陰影部の面積を $S(\delta)$ とおくと，$S(\delta)=N(\delta)\delta^2$ ゆえ，

$$S(\delta) \leqq 4l(\Gamma)\delta$$

が成り立つ．したがって，$\delta\to 0$ のとき $S(\delta)\to 0$ となり，D が面積確定であることが示された． ∎

系 2.24　区分的に滑らかな閉曲線で囲まれた領域は面積確定である． □

最後に面積不確定な領域の例を掲げよう(図2.8)．後述の定理2.29からわ

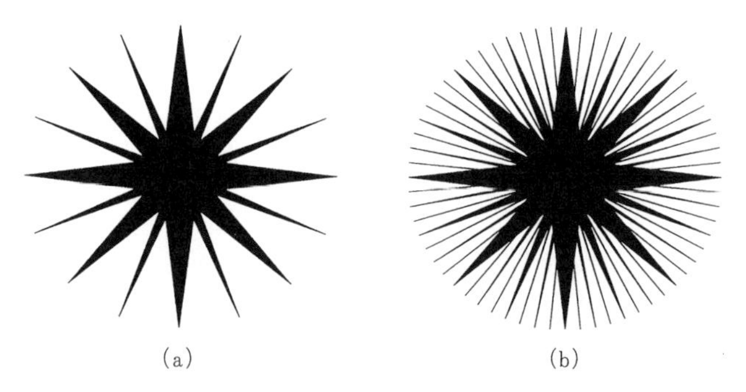

図 2.8　面積不確定な領域の例：この領域は無数のひし形領域の合併集合として構成される(図は構成の途中の段階を示す)．この領域の外面積は外接円の面積に一致する．

かるように，この領域の境界は正のルベーグ測度をもつ.

(b)　面積の定義再考

これまで見てきたように，平面領域の面積は，まず領域を正方形区画に分割し，ついで極限移行にもち込むという手順で定義された．図形の面積を矩形や3角形などに分割して測る発想そのものは，古来の求積法と何ら変わるところがない．相異点があるとすれば，平面図形が面積をもつことを昔の人々はおそらく自明の理と考えていたのに対し，現代人はより慎重な見方をしている点である.

古代人が思い描く図形は，円や3角形のような直観的に明確なものに限られていたから，素朴な面積の観念で事足りた．これに対し，現代人が扱う図形のクラスは非常に幅が広く，その中には直観だけでは処理しきれない複雑な対象も数多く含まれる．そのように幅広いクラスの図形に普遍的に適用できる面積の概念を定義するのは，想像以上に困難な作業である.

今日我々が眼にする多様な図形を扱うためには，まず面積の定義をきちんと確立することが大切であり，また，その定義から導かれる面積のさまざまな性質が，古来の面積の通念と整合することの確認も必要である．以下では，ジョルダンの面積の基本的な性質を論じるとともに，それを一般化したルベーグ測度との関連にも簡単に触れることにする.

なお，曲面の面積の場合は平面図形とは違った意味での難しさが現れる．その点については§2.4で論じる.

命題2.25（面積の和公式）　平面図形 D_1, D_2 は，いずれも面積確定であるとする．このとき $D_1 \cup D_2$ および $D_1 \cap D_2$ はいずれも面積確定で，以下が成り立つ.

$$\mathcal{A}(D_1)+\mathcal{A}(D_2) = \mathcal{A}(D_1 \cup D_2)+\mathcal{A}(D_1 \cap D_2). \tag{2.25}$$

とくに，$D_1 \cap D_2 = \emptyset$ の場合は，以下の等式が成立する.

$$\mathcal{A}(D_1)+\mathcal{A}(D_2) = \mathcal{A}(D_1 \cup D_2).$$

［証明］　面積確定性の証明は読者にゆだね，等式(2.25)を導こう．図2.6と同じ要領で平面を1辺 δ の正方形の区画に分割し，$j=1,2$ に対し

$$E_\delta^j = D_j \text{の内部に含まれる区画の合併集合},$$
$$F_\delta^j = D_j \text{と共通部分をもつ区画の合併集合}$$

とおく．すると

$$E_\delta^1 \cup E_\delta^2 \subset D_1 \cup D_2 \subset F_\delta^1 \cup F_\delta^2,$$
$$E_\delta^1 \cap E_\delta^2 \subset D_1 \cap D_2 \subset F_\delta^1 \cap F_\delta^2$$

であるから，

$$|E_\delta^1 \cup E_\delta^2| \leqq \mathcal{A}(D_1 \cup D_2) \leqq |F_\delta^1 \cup F_\delta^2|,$$
$$|E_\delta^1 \cap E_\delta^2| \leqq \mathcal{A}(D_1 \cap D_2) \leqq |F_\delta^1 \cap F_\delta^2|.$$

上の2式の辺々を相加えると次の不等式が得られる．

$$|E_\delta^1| + |E_\delta^2| \leqq \mathcal{A}(D_1 \cup D_2) + \mathcal{A}(D_1 \cap D_2) \leqq |F_\delta^1| + |F_\delta^2|.$$

ここで $\delta \to 0$ とすればよい． ▮

命題 2.26　平面領域 D が面積確定なら，それに平行移動や回転を施した領域 $\widetilde{D}$ も面積確定であり，$\mathcal{A}(\widetilde{D}) = \mathcal{A}(D)$ が成り立つ．

[証明]　本証明では，以下，辺が x, y 軸に平行な正方形を「正則正方形」と呼ぶことにする．

はじめに領域 D が1辺 a の正則正方形である場合を考える．このとき $\widetilde{D}$ は，必ずしも正則でない1辺 a の正方形になる．これが面積確定であることは定理 2.23 からわかるから，

$$\mathcal{A}(\widetilde{D}) = a^2$$

が成り立つことをいえばよい．ただし左辺の面積の値は，あくまでも定義通りに，$\widetilde{D}$ を正則正方形の区画に分割して計算しなければならない．(杓子定規に見えるかも知れないが，そもそも本命題の目的は，我々が定義した面積の概念が一般の面積の通念に照らして妥当かどうかを検証することにあるのだから，これはやむを得ない.) 上の等式の証明自体は難しくないので，詳細は読者にゆだねる．積分を用いるのも一法である(後出の問9参照)．

次に D が一般の領域である場合は，これを正方形区画で近似し，上の結果を用いればよい．この部分の証明の詳細も読者にゆだねる． ▮

注意 2.27　上の命題で，領域 D を固定したまま座標軸を回転したりずらしたりしても，同じ結果が得られるのは明らかである．したがって，平面図形の面積

は，面積を定義する際に用いた正方形区画の辺の向きを変えたり，辺の位置をずらしても影響を受けない．これにより，正方形区画を用いたことで一見「非等方的」に見えた我々の面積の定義が，実際は完全に「等方的」であることがわかる．

命題 2.28　面積確定な領域 D を λ 倍に相似拡大した領域 λD も再び面積確定で，以下が成り立つ．

$$\mathcal{A}(\lambda D) = \lambda^2 \mathcal{A}(D). \tag{2.26}$$

［証明］　領域 D を 1 辺 δ の正方形の区画に分割し，それをそのまま λ 倍に相似拡大すると，領域 λD の 1 辺 $\lambda\delta$ による分割が得られる．個々の 1 辺 $\lambda\delta$ の区画の面積は 1 辺 δ の区画の面積の λ^2 倍であることを考えれば，命題の結論がただちに得られる．■

命題 2.11 で述べた長さの性質

$$l(\lambda\Gamma) = |\lambda|\, l(\Gamma)$$

と上の関係式(2.26)を対比してみよう．これらの式は，長さが 1 次元量で面積が 2 次元量であるという特徴を端的に表現している．より一般に，D が n 次元空間 $\mathbb{R}^n$ 内の図形で，$\mu(D)$ がその n 次元体積を表すならば，

$$\mu(\lambda D) = \lambda^n \mu(D)$$

が成り立つ．この式は，空間や図形の次元を特徴づけるもっとも基本的な関係式である．付録 C で，上の関係式を非整数次元に拡張する．

最後に，ジョルダンの意味での面積確定性をルベーグ測度の言葉で特徴づけておこう．平面内の点集合 E が**ルベーグの零集合**，あるいは**ルベーグ測度 0 の集合**であるとは，任意の正の数 ε に対し，矩形の列 $R_1, R_2, R_3, \cdots$ で次の性質を満たすものが存在することをいう．

$$E \subset \bigcup_{k=1}^{\infty} R_k, \quad \sum_{k=1}^{\infty} |R_k| < \varepsilon. \tag{2.27}$$

ここで，矩形 R_k の中には空集合があってもかまわない．空集合の場合は $|R_k| = 0$ とする．よって $\{R_k\}$ は，有限個または無限個の矩形による E の被覆をなす．

定理 2.29　平面上の有界領域 D がジョルダンの意味で面積確定であるた

めの必要十分条件は，その境界 Γ がルベーグ測度 0 の集合となることである． □

以下の証明には第3章で説明するコンパクト集合(有界閉集合)の性質を用いる．コンパクト集合について学んだことのない読者は，第3章の該当部分を参照されたい．なお，現段階では上の定理の証明は飛ばして先に進んでも一向に差し支えない．

［証明］　必要性は命題 2.22(c) より明らかだから，十分性を示す．Γ がルベーグ測度 0 の集合とする．任意の $\varepsilon > 0$ に対し，矩形の列 $R_1, R_2, R_3, \cdots$ で

$$\Gamma \subset \bigcup_{k=1}^{\infty} R_k, \quad \sum_{k=1}^{\infty} |R_k| < \varepsilon$$

を満たすものが存在する．各 R_k を少しふくらませて，これを含む開集合の矩形 U_k (すなわち外周部分を含まない矩形; §3.3(a)参照)で $|U_k| \leqq 2|R_k|$ を満たすものを作る．$U_1, U_2, U_3, \cdots$ は開集合による Γ の被覆をなす．ところで D の有界性と命題 3.34 より，Γ は有界閉集合である．よってハイネ–ボレルの定理(定理 3.43)より，上の被覆から有限個の要素 $U_{k_1}, U_{k_2}, \cdots, U_{k_m}$ を取り出して Γ を被覆できる．また，

$$\sum_{j=1}^{m} |U_{k_j}| \leqq \sum_{k=1}^{\infty} |U_k| < 2\varepsilon$$

が成り立つ．2ε はいくらでも小さくできるから，命題 2.22 より，D はジョルダンの意味で面積確定である． ■

問 7　平面上の直線はルベーグ測度 0 の集合であることを示せ．

(c)　面積の線積分表示

定理 2.30　平面上の有界領域 D の境界 Γ は長さのある閉曲線であるとする．D の面積を $\mathcal{A}(D)$ とおくと，以下が成立する．

$$\mathcal{A}(D) = -\int_{\Gamma} y\,dx = \int_{\Gamma} x\,dy\,. \tag{2.28}$$

ここで積分路 Γ の向きは，領域 D を左手に見ながら進む方向とする(図 2.9)．

ルベーグ測度

19 世紀後半から一般の図形の面積や体積の研究が急速に進み，20 世紀に入って「測度」という普遍的な概念が誕生した．測度の理論は旧来の面積や体積の概念を著しく拡げるもので，これにより高度な解析学の発展が可能となった．今日の数学で扱われる測度にはさまざまな種類のものがあるが，古典的な面積や体積の概念の直接の拡張になっているのはルベーグ測度である．ルベーグ測度について，ごく簡単に紹介しよう．なお，話をわかりやすくするために，以下では面積の拡張概念である 2 次元ルベーグ測度のみを扱うが，そこで述べられていることは，ほとんどそのまま n 次元ルベーグ測度にもあてはまる．

さて，古来の求積法もルベーグ測度も，与えられた図形を小さな断片に分割して面積を測る発想は同じである．ただしルベーグ測度においては，「被覆」の概念が重要な役割を演ずる．この点を具体的に述べよう．D を平面 $\mathbb{R}^2$ 内の部分集合とする．D を矩形の列 $R_1, R_2, R_3, \cdots$ で被覆し，その面積の総和

$$\sum_{k=1}^{\infty} |R_k|$$

を計算する．被覆の仕方をいろいろ変えたときの上の値の下限を $\mathcal{M}(D)$ と書き，これをルベーグの**外測度**(outer measure)と呼ぶ．D が矩形であれば，$\mathcal{M}(D) = |D|$ であることが確かめられる．

次に，D を内部に含む十分大きな矩形 X をとる．(D が有界集合でない場合は，D を有界な断片に分割し，各断片について考える．) もし等式

$$\mathcal{M}(D) + \mathcal{M}(X \setminus D) = \mathcal{M}(X) \ (= |X|)$$

が成り立つなら，D は**可測**(measurable)であるという．外測度 $\mathcal{M}$ を可測な集合のクラスに制限したものを 2 次元の**ルベーグ測度**(Lebesgue measure)と呼ぶ．本書ではこれを $\mu(D)$ で表す．

測度の定義域を可測集合のクラスに限ることで，面積の和公式(2.25)と同様の公式が導かれる．測度論における可測集合の概念は，ジョルダンの面積確定の概念に対応するものである．ジョルダンの場合，図形の外側から測った「外面積」(すなわち $|F_\delta|$ の下限)と内側から測った「内面積」(すなわち $|E_\delta|$ の上限)が一致する領域を面積確定と呼んだ．この面積確定性

の概念は，等式

$$\mathcal{A}^*(D)+\mathcal{A}^*(X\setminus D)=|X| \quad (\mathcal{A}^* \text{ は外面積})$$

が成り立つことと同値であることはすぐわかる．したがって，ルベーグ測度とジョルダンの面積は，外測度と外面積の違いを除けばまったく同等である．しかしながら，ジョルダンの外面積は大きさの等しい正方形区画を用いて定義されるのに対し，ルベーグの外測度は必ずしも大きさの等しくない無限個の矩形を用いて定義される．この違いはルベーグ測度にはるかに大きな柔軟性を与えている．

ルベーグ測度の特筆すべき性質として，無限個の図形に対する和公式

$$\mu\left(\bigcup_{j=1}^{\infty} D_j\right)=\sum_{j=1}^{\infty}\mu(D_j) \quad (\text{ただし} D_i\cap D_j=\phi,\ i\neq j)$$

が挙げられる．この公式は現代解析学のさまざまな分野で大きな役割を果たしている．

ルベーグ測度の登場により，面積や体積が測れる図形のクラスはほとんど極限まで拡げられた．実際，ルベーグ可測でない図形の実例を目に見える形で示すのは原理的に不可能であることが知られている．非可測集合が存在するかしないかは，「選択公理」と呼ばれる集合論上の公理を我々が受け入れるかどうかにかかっており，通常の構成的な方法で非可測図形を描いてみせることはできないのである(本章末の囲み記事「バナッハ－タルスキーの逆理」参照)．

本書では，測度論にはこれ以上深入りはしない．測度論について系統的に学びたい読者は，講座『現代数学の基礎』の「測度と積分 1, 2」を参照されたい．

［証明］ 図 2.6 に示したように，xy 平面を 1 辺 δ の正方形の区画に分割する．ただし，各区画を囲む境界線，すなわち正方形の外周の辺と頂点はその区画に含まれるものとする．次に，曲線 Γ 上に点 $P_k=(x_k,y_k)$ $(k=1,2,\cdots,N)$ を，以下の条件を満たすようにとる．

(A1) 点 $P_1,P_2,\cdots,P_N$ は，Γ の正の向き(図 2.9 参照)にこの順序で並んでいる．

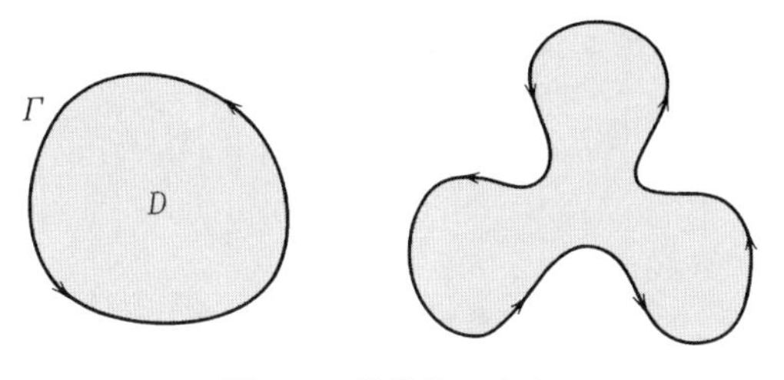

図 **2.9** 積分路の向き

(A2) $l(\widehat{P_kP_{k+1}}) \leqq \delta \ (k=1,2,\cdots,N)$. ただし $P_{N+1}=P_1$ と見なす.

(A3) 各 k に対し, P_k と P_{k+1} は, 同一の区画に属するか, または辺を接して隣り合う区画に属する.

いま, $Q_k=(x_k, y_{k+1})$ とおき, 点 $P_1, Q_1, P_2, Q_2, \cdots, P_N, Q_N, P_1$ をこの順に線分で結んで得られる折れ線を γ_δ とおこう(図 2.10). 仮定(A3)より, γ_δ は図 2.6 の陰影部分に含まれる.

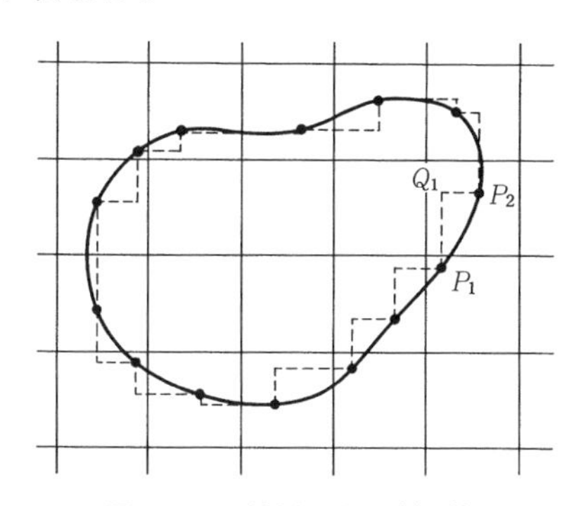

図 **2.10** 境界の折れ線近似

さて, 折れ線 γ_δ が単純閉曲線, すなわち自分自身と交わらない閉曲線の場合, γ_δ で囲まれる領域を D_δ とおくと, その面積は

$$\sum_{k=1}^{N} x_k(y_{k+1}-y_k) \tag{2.29}$$

に等しい. また, γ_δ が図 2.6 の陰影部分に含まれることから,

$$E_\delta \subset D_\delta \subset F_\delta$$

となる．ここで E_δ と F_δ は命題2.20に現れる領域である．よって

$$|E_\delta| \leqq \sum_{k=1}^{N} x_k(y_{k+1}-y_k) \leqq |F_\delta|$$

が成り立つ．

一方，γ_δ が自分自身と交わる場合は，(2.29)の値には同一部分の面積が重複して算入されている箇所が生じるから，上の不等式がそのまま成立するとは限らない．しかしこの場合でも，そうした重複箇所の面積の総和が $|\gamma_\delta|\delta/2$ で抑えられることは容易にわかる．これと $|\gamma_\delta| \leqq \sqrt{2}\,l(\Gamma)$ より

$$|E_\delta| - \frac{1}{\sqrt{2}}l(\Gamma)\delta \leqq \sum_{k=1}^{N} x_k(y_{k+1}-y_k) \leqq |F_\delta| + \frac{1}{\sqrt{2}}l(\Gamma)\delta$$

が成り立つ．ここで $\delta \to 0$ とすると，命題2.20より上の不等式の第1辺と第3辺はいずれも $\mathcal{A}(D)$ に収束する．一方，第2辺は $\delta \to 0$ のとき線積分 $\int_\Gamma x\,dy$ に収束するから，これより

$$\mathcal{A}(D) = \int_\Gamma x\,dy$$

が成立することがわかる．(2.28)のもう一方の等式も同様に示される． ∎

系2.31　D は平面内の有界領域で，その境界 Γ は区分的に滑らかな閉曲線であるとする．$\boldsymbol{n}$ を Γ の各点 P における外向き法線方向の単位ベクトル，$\boldsymbol{r}$ を P の位置ベクトルとすると，以下が成り立つ．

$$\mathcal{A}(D) = \frac{1}{2}\int_\Gamma \boldsymbol{r}\cdot\boldsymbol{n}\,ds. \tag{2.30}$$

[証明]　ベクトル $\boldsymbol{n}$ が x 軸となす角を θ とすると，

$$\boldsymbol{n} = \begin{pmatrix} \cos\theta \\ \sin\theta \end{pmatrix}, \quad \boldsymbol{r}\cdot\boldsymbol{n} = x\cos\theta + y\sin\theta$$

である．一方，Γ の正の向きの単位接ベクトルは $\begin{pmatrix} -\sin\theta \\ \cos\theta \end{pmatrix}$ だから，曲線 Γ に沿った微小変位の間に

$$-\sin\theta\,ds = dx, \quad \cos\theta\,ds = dy$$

という関係式が成り立つ．これと(2.28)から(2.30)がただちに導かれる． ∎

例題 2.32　楕円 $(x,y)=(a\cos\theta,\ b\sin\theta)$, $0\leqq\theta\leqq 2\pi$ で囲まれる平面領域の面積 A を求めよ.

［解］　定理 2.30 と定理 2.16 より,

$$A=\int_\Gamma x\,dy=\int_0^{2\pi}a\cos\theta\cdot b\cos\theta\,d\theta=ab\int_0^{2\pi}\cos^2\theta\,d\theta=\pi ab. \qquad \blacksquare$$

問 8　サイクロイド $(x,y)=(t-\sin t,\ 1-\cos t)$, $0\leqq t\leqq 2\pi$ と x 軸で囲まれる領域の面積を求めよ.

問 9　xy 平面上の点

$(0,0)$, $(a\cos\theta,\ a\sin\theta)$, $(a\cos\theta-a\sin\theta,\ a\sin\theta+a\cos\theta)$, $(-a\sin\theta,\ a\cos\theta)$

を頂点とする 1 辺 a の正方形の面積が a^2 であることを(2.28)を用いて示せ.

ところで公式(2.28)や(2.30)は, 図 2.11 のように, 領域 D の境界が複数個の閉曲線からなる場合にもそのまま拡張できる.

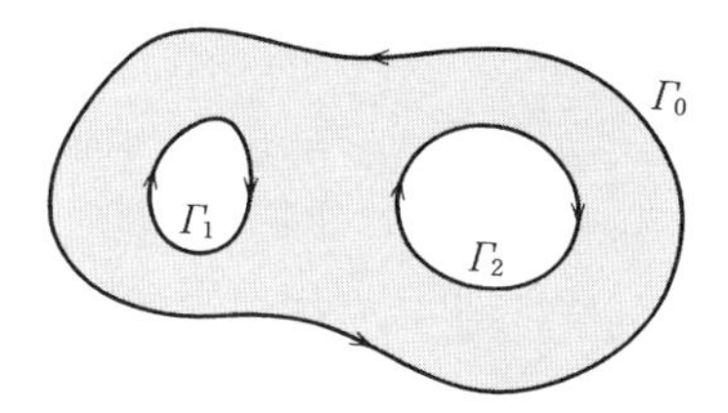

図 2.11　境界が複数個の閉曲線からなる領域

定理 2.33　D は有界な平面領域で, その境界は互いに共通部分のない長さ有限の閉曲線 $\Gamma_0,\Gamma_1,\cdots,\Gamma_m$ からなるとする. このとき

$$\mathcal{A}(D)=-\sum_{k=0}^{m}\int_{\Gamma_k}y\,dx=\sum_{k=0}^{m}\int_{\Gamma_k}x\,dy. \tag{2.31}$$

ここで各積分路 Γ_k の向きは, 領域 D を左手に見ながら進む方向とする(図 2.11).

［証明］　必要ならば曲線の番号を入れ替えて, 一番外側の閉曲線が Γ_0 であるとしてよい. Γ_0 と各閉曲線 Γ_k $(k=1,2,\cdots,m)$ を互いに交わらない D 内の曲線 C_k $(k=1,2,\cdots,m)$ で結び, これらすべての曲線をつなぎ合わせて 1

本の閉曲線 Γ を作る．その際，Γ は各 C_k 上を2回ずつ，互いに逆の向きに通るものとする(図2.12)．すると定理2.30より，

$$-\int_\Gamma y\,dx = \int_\Gamma x\,dy = \mathcal{A}(D\backslash(C_1\cup C_2\cup\cdots\cup C_m)) = \mathcal{A}(D)$$

が成り立つ．一方，積分路 Γ が各 C_k を2度ずつ互いに逆向きに通ることから，C_k 上の積分は打ち消し合う．よって

$$\int_\Gamma y\,dx = \sum_{k=0}^m \int_{\Gamma_k} y\,dx, \quad \int_\Gamma x\,dy = \sum_{k=0}^m \int_{\Gamma_k} x\,dy.$$

これから(2.31)がただちに従う． ∎

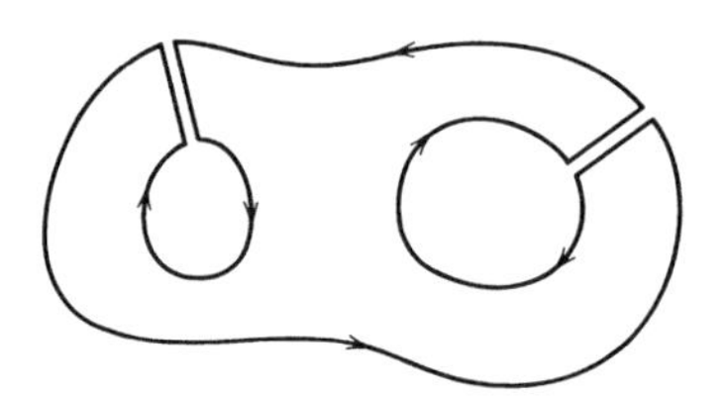

図2.12　積分路をつなぐ

本節の最後に，定理2.30の応用として，次の命題を掲げておく．この命題は，§3.6で等周問題を論じる際に役立つ．

命題2.34　Γ と $\widetilde{\Gamma}$ は，xy 平面内の長さ有限の単純閉曲線とし，その助変数表示をそれぞれ

$$(x,y) = (\varphi(t),\psi(t)) \equiv \Phi(t) \quad (a \leqq t \leqq b),$$
$$(x,y) = (\widetilde{\varphi}(t),\widetilde{\psi}(t)) \equiv \widetilde{\Phi}(t) \quad (a \leqq t \leqq b)$$

とする．また，Γ および $\widetilde{\Gamma}$ で囲まれる領域をそれぞれ $D_\Gamma, D_{\widetilde{\Gamma}}$ とおく．このとき，以下の不等式が成り立つ．

$$|\mathcal{A}(D_\Gamma)-\mathcal{A}(D_{\widetilde{\Gamma}})| \leqq (l(\Gamma)+l(\widetilde{\Gamma}))\max_{a\leqq t\leqq b}|\Phi(t)-\widetilde{\Phi}(t)|. \tag{2.32}$$

［証明］　定理2.30と(2.15)から，

$$\mathcal{A}(D_\Gamma) = \int_a^b \varphi(t)d\psi(t), \quad \mathcal{A}(D_{\widetilde{\Gamma}}) = \int_a^b \widetilde{\varphi}(t)d\widetilde{\psi}(t)$$

が成り立つ．よって

$$\begin{aligned}\mathcal{A}(D_\Gamma)-\mathcal{A}(D_{\widetilde{\Gamma}}) &= \int\varphi\,d\psi-\int\widetilde{\varphi}\,d\widetilde{\psi} \\ &= \int(\varphi-\widetilde{\varphi})d\psi+\int\widetilde{\varphi}\,d\psi-\int\widetilde{\varphi}\,d\widetilde{\psi} \\ &= \int(\varphi-\widetilde{\varphi})d\psi+\int\widetilde{\varphi}\,d(\psi-\widetilde{\psi}).\end{aligned}$$

ところで，スティルチェス積分に対する部分積分の公式から

$$\int\widetilde{\varphi}\,d(\psi-\widetilde{\psi}) = -\int(\psi-\widetilde{\psi})d\widetilde{\varphi}.$$

これと上式から

$$\begin{aligned}|\mathcal{A}(D_\Gamma)-\mathcal{A}(D_{\widetilde{\Gamma}})| &\leqq \left|\int(\varphi-\widetilde{\varphi})d\psi\right|+\left|\int(\psi-\widetilde{\psi})d\widetilde{\varphi}\right| \\ &\leqq \mathrm{Var}(\psi)\|\varphi-\widetilde{\varphi}\|+\mathrm{Var}(\widetilde{\varphi})\|\psi-\widetilde{\psi}\|.\end{aligned}$$

ここで，記号 $\mathrm{Var}(g)$ は関数 $g(t)$ の「全変動」を表し（付録 A 参照），$\|g\|$ は $|g(t)|$ の最大値を表す．ところで

$$\mathrm{Var}(\psi)\leqq l(\Gamma),\quad \mathrm{Var}(\widetilde{\varphi})\leqq l(\widetilde{\Gamma})$$

となることは付録 A に示した通りであり，また

$$\|\varphi-\widetilde{\varphi}\|\leqq\|\Phi-\widetilde{\Phi}\|,\quad \|\psi-\widetilde{\psi}\|\leqq\|\Phi-\widetilde{\Phi}\|$$

となることは明らかである．これらの不等式から(2.32) がただちに従う．∎

系 2.35　長さ有限の単純閉曲線 Γ を連続的に変形すると，それが囲む領域 D_Γ の面積も連続的に変化する．

§2.3　グリーンの公式とその応用

本節では，平面領域におけるグリーンの公式やガウスの公式を導く．本章のはじめに述べたように，これらの公式は，微分積分法の基本定理から導かれる公式

$$\int_a^b f'(x)dx = f(b)-f(a)$$

の高次元版と考えることができる．

(a)　平面領域に対するグリーンの公式

前節で与えた公式(2.28)は，次の形に書き表すことができる．

$$\iint_D dxdy = -\int_\Gamma y\,dx = \int_\Gamma x\,dy\,. \tag{2.33}$$

この式は，いわば領域の内部におけるある種の積分を境界上の積分に変換する公式である．これを一般化した公式として，グリーンの公式や，種々の関連公式が知られている．『微分と積分2』でその一部が紹介されているが，本節では，曲線ΓがC^1級あるいは区分的C^1級曲線であるとの仮定をおかず，長さ有限であることだけを仮定してこれらの公式を導くことにする．

定理2.36　Dはxy平面上の有界領域で，その境界Γは長さのある閉曲線であるとする．また，$P(x,y), Q(x,y)$は，$D\cup\Gamma$上でC^1級の関数とする．このとき

$$\int_\Gamma P\,dx + Q\,dy = \iint_D \left(\frac{\partial Q}{\partial x} - \frac{\partial P}{\partial y}\right)dxdy \tag{2.34}$$

が成り立つ．□

ここで，(2.34)の左辺は

$$\int_\Gamma P\,dx + \int_\Gamma Q\,dy$$

と同じものであるが，(2.34)のように書くことが多い．こう書くことの利点は，$P\,dx+Q\,dy$をひとまとまりの対象として扱えることにあり，この視点は公式(2.34)を微分形式の立場から扱う際に重要である(本シリーズ『解析力学と微分形式』参照)．

［証明］　$\varepsilon>0$を十分小さな定数とすると，写像

$$\xi = x + \varepsilon Q(x,y), \quad \eta = y$$

によって，xy平面上の領域Dとその境界Γは，$\xi\eta$平面上のある領域Ωとその境界γ上に1対1にうつされる(問10参照)．この変換のヤコビアンは

$$J(x,y) = \begin{vmatrix} \dfrac{\partial \xi}{\partial x} & \dfrac{\partial \xi}{\partial y} \\ \dfrac{\partial \eta}{\partial x} & \dfrac{\partial \eta}{\partial y} \end{vmatrix} = \begin{vmatrix} 1+\varepsilon\dfrac{\partial Q}{\partial x} & \varepsilon\dfrac{\partial Q}{\partial y} \\ 0 & 1 \end{vmatrix} = 1+\varepsilon\frac{\partial Q}{\partial x}$$

で与えられるから，積分の変数変換の公式(『微分と積分 2』定理 5.39)より

$$\iint_\Omega d\xi d\eta = \iint_D J(x,y)dxdy = \iint_D dxdy + \varepsilon \iint_D \frac{\partial Q}{\partial x}dxdy$$

が成り立つ．また，$d\eta = dy$ より

$$-\int_\gamma \xi\, d\eta = -\int_\Gamma (x+\varepsilon Q)dy = -\int_\Gamma x\, dy - \varepsilon \int_\Gamma Q\, dy$$

となる．一方，定理 2.30 を D および Ω に適用すると

$$\int_\gamma \xi\, d\eta = \iint_\Omega d\xi d\eta, \quad \iint_D dxdy = \int_\Gamma x\, dy$$

が得られ，これら 4 つの等式を辺々相加えて変形すれば

$$\int_\Gamma Q\, dy = \iint_D \frac{\partial Q}{\partial x}dxdy \tag{2.35}$$

が従う．同様に，写像 $(\tilde{\xi}, \tilde{\eta}) = (x,\, y+\varepsilon P(x,y))$ を用いて

$$\int_\Gamma P\, dx = -\iint_D \frac{\partial P}{\partial y}dxdy \tag{2.36}$$

を得る．こうして(2.34)が示された． ∎

問 10　写像 $(x,y) \mapsto (x+\varepsilon Q(x,y),\, y)$ は，$\varepsilon > 0$ が十分小さい定数なら 1 対 1 写像になることを示せ．

公式(2.34)において $P = y$, $Q = 0$ あるいは $P = 0$, $Q = x$ とおけば(2.28)が得られる．よって(2.34)は(2.28)を含むより一般的な公式になっている．この公式を**グリーン**(Green)**の公式**と呼ぶ．(2.34)を**平面ガウス**(Gauss)**の定理**と呼ぶこともあるが，後者の呼称は，後で述べる別の公式に対して用いられることが多い．なお，この公式の 3 次元への拡張は§2.4 で論じられる．

注意 2.37　領域 D の境界が図 2.11 のように複数個の閉曲線からなる場合は，(2.34)の左辺の線積分を各閉曲線上の線積分の和と見なせば公式はそのまま成立する．証明は定理 2.33 とまったく同様にできる．

注意 2.38　領域 D が単純な形状である場合は，公式(2.34)をフビニの定理(『微分と積分 2』の定理 1.30)から導くことができる．例えば，D が区間 $[a,b]$ 上で定義された 2 つの関数 $\alpha(x)<\beta(x)$ を用いて

$$D=\{(x,y)\mid a<x<b,\ \alpha(x)<y<\beta(x)\}$$

と表されているとすると，

$$\iint_D \frac{\partial P}{\partial y}\,dxdy=\int_a^b\left\{\int_{\alpha(x)}^{\beta(x)}\frac{\partial P}{\partial y}\,dy\right\}dx=\int_a^b\{P(\beta(x))-P(\alpha(x))\}dx$$
$$=-\int_\Gamma P\,dx$$

となる．

例題 2.39　Γ は xy 平面の原点の周りを 1 周する長さ有限の単純閉曲線で，$P(x,y), Q(x,y)$ は原点を除いたところで C^1 級で，$\dfrac{\partial P}{\partial y}=\dfrac{\partial Q}{\partial x}$ を満たすとする．このとき次の線積分の値は Γ によらないことを示せ．

$$\int_\Gamma P\,dx+Q\,dy.$$

［解］　Γ を内側に含む十分大きな円 C をとり，C と Γ の間にはさまれた領域を D とおくと，グリーンの公式より

$$\int_C P\,dx+Q\,dy-\int_\Gamma P\,dx+Q\,dy=\iint_D\left(\frac{\partial Q}{\partial x}-\frac{\partial P}{\partial y}\right)dxdy=0\,.$$

よって

$$\int_C P\,dx+Q\,dy=\int_\Gamma P\,dx+Q\,dy\,.$$

したがって，右辺の線積分は Γ によらない．　∎

問 11　Γ は xy 平面の原点の周りを 1 周する長さ有限の単純閉曲線とする．次の積分を計算せよ．

$$\int_\Gamma \frac{-y}{x^2+y^2}\,dx+\frac{x}{x^2+y^2}\,dy\,.$$

(b)　公式の別証明

グリーンの公式には，微分積分学の基本定理の高次元版という重要な側面がある．これまでの議論ではその点が十分明らかにされていなかった．本小節では，グリーンの公式の別証明を通して，こうした点を明らかにしていこう．なお，これから述べる証明は，直観的に非常に明快である反面，境界積分の処理を厳密に行なうのが，先ほどの証明法と比べてやや面倒である．そこで以下では，多角形領域の場合だけを論じることにする．これだけでも，証明の本質的な部分は十分にくみ取れると思う．

まず次の補題を準備する．これは定理 2.30 の特別の場合であるが，ここでは定理 2.30 を用いずに直接グリーンの公式を導くことを目指しているので，あらためて補題として掲げておく．

補題 2.40　K を任意の 3 角形領域とし，その境界を C とすると，

$$-\int_C y\,dx=\int_C x\,dy=\iint_K dxdy\,.$$

［証明］　K の頂点の座標を $(x_0,y_0),(x_1,y_1),(x_2,y_2)$ とすると，

$$\begin{aligned}\int_C x\,dy&=\frac{(x_1+x_0)}{2}(y_1-y_0)+\frac{(x_2+x_1)}{2}(y_2-y_1)+\frac{(x_0+x_2)}{2}(y_0-y_2)\\&=\frac{1}{2}\{(x_0y_1-x_1y_0)+(x_1y_2-x_2y_1)+(x_2y_0-x_0y_2)\}.\end{aligned}$$

これは K の面積に等しい．$-\int_C y\,dx$ についても同様である．　■

［公式(2.34)の別証明］　先ほど述べたように，D が多角形領域である場合だけを考える．以下，等式(2.35)を示そう．(2.36)の示し方もまったく同様である．

まず，領域 D に切り込みを入れて，これを有限個の 3 角形 $K_1,K_2,\cdots,K_m$ に分割する(図 2.13)．

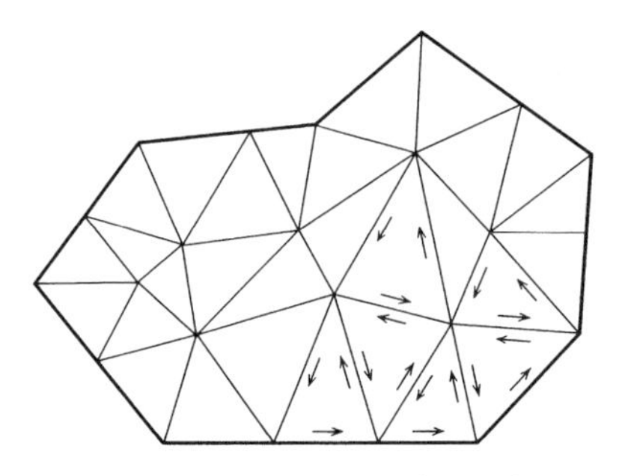

図 2.13　領域 D の 3 角形分割

この分割を Δ とおくとき，3 角形 $K_1, K_2, \cdots, K_m$ の辺の長さの最大値を $\mathrm{mesh}(\Delta)$ と表すことにする．また，各 3 角形 K_j の境界を C_j とする．まず，次の等式が成り立つことに注意しよう．

$$\int_{\Gamma} Q\,dy = \sum_{j=1}^{m} \int_{C_j} Q\,dy. \tag{2.37}$$

ここで，積分路 Γ や C_j の向きは，3 角形の内部を左側に見ながら進む方向とする．この等式が成り立つ理由は，切り込み部分の線積分が打ち消しあうからである(定理 2.33 の証明参照)．さて，3 角形 K_j 上に点 (x_j, y_j) をとり，

$$\alpha = \frac{\partial Q}{\partial x}(x_j, y_j), \qquad \beta = \frac{\partial Q}{\partial y}(x_j, y_j)$$

とおく．等式

$$Q(x,y) = Q(x_j, y_j) + \alpha(x - x_j) + \beta(y - y_j) + o(|x - x_j| + |y - y_j|)$$

の両辺を C_j 上で積分し，$\displaystyle\int_C dy = \int_C y\,dy = 0$ (演習問題 2.4 参照)を用いると，

$$\int_{C_j} Q\,dy = \alpha \int_{C_j} x\,dy + o(l(C_j)^2)$$

が得られる．これに補題 2.40 を適用して

$$\int_{C_j} Q\,dy = \frac{\partial Q}{\partial x}(x_j, y_j)\mathcal{A}(K_j) + o(\mathcal{A}(K_j))$$

を得る．よって，(2.37)より

$$\int_\Gamma Q\,dy = \sum_{j=1}^{m} \frac{\partial Q}{\partial x}(x_j, y_j)\mathcal{A}(K_j) + o(1). \tag{2.38}$$

ここで，右辺の第2項の $o(1)$ は，$\mathrm{mesh}(\Delta)\to 0$ のとき0に収束する量を表す．一方，右辺の第1項は，$\mathrm{mesh}(\Delta)\to 0$ のとき(2.35)の右辺に収束する．よって等式(2.35)が示された． ∎

上で与えた証明とまったく同じ方法で，微分積分学の基本定理

$$\int_a^b f'(x)dx = f(b) - f(a)$$

も証明できる．実際，領域 D を3角形分割したように区間 $[a,b]$ を分点 $a=x_0<x_1<\cdots<x_N=b$ によって N 個の部分区間に分割し，右辺を

$$f(b)-f(a) = \sum_{k=1}^{N}(f(x_k)-f(x_{k-1}))$$

と変形した上で，次の評価式を用いればよい．

$$f(x_k)-f(x_{k-1}) = f'(x_k)(x_k - x_{k-1}) + o(|x_k - x_{k-1}|).$$

微分積分学の基本定理やグリーンの公式は，領域内部の情報を境界上の情報に置き換える大変便利な公式であり，その応用分野は実に広範囲に及んでいる．また，上の証明からわかるように，これらの公式は，いわば無限小の世界と大域的な世界の間の神秘的な関係を表す式と見なすこともできる．

(c) 他の関連公式

公式(2.34)から，さまざまな重要な公式が導かれる．その中でとくに基本的なものを掲げよう．以下では D は有界な平面領域とし，その境界 Γ は C^1 級の曲線であるとする．また，境界 Γ の各点における外向き単位法ベクトルを $\boldsymbol{n}$ と表す．

定理 2.41（ガウス(Gauss)の発散定理） $\boldsymbol{V}(x,y)=(v_1(x,y), v_2(x,y))$ を $D\cup\Gamma$ 上で定義された C^1 級の $\mathbb{R}^2$ 値関数，すなわち $D\cup\Gamma$ 上の C^1 級「ベクトル場」とすると，以下が成り立つ．

$$\int_\Gamma \boldsymbol{V}\cdot\boldsymbol{n}\,ds = \iint_D \mathrm{div}\,\boldsymbol{V}\,dxdy, \tag{2.39}$$

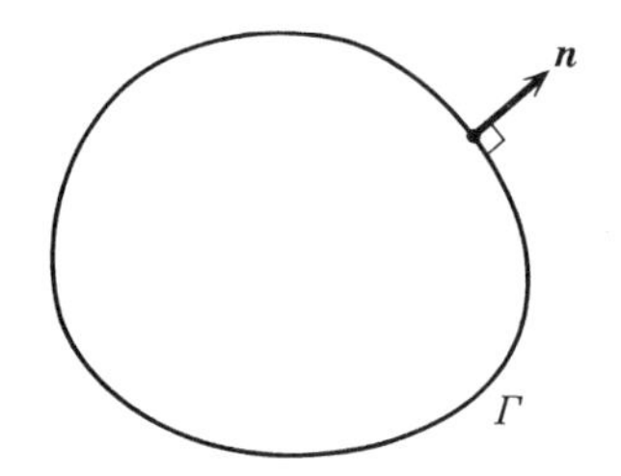

図 2.14　境界上の外向き法ベクトル

ただし

$$\operatorname{div} \boldsymbol{V} = \frac{\partial v_1}{\partial x} + \frac{\partial v_2}{\partial y}. \tag{2.40}$$

［証明］　公式(2.34)において $P = -v_2$, $Q = v_1$ とおくと

$$\int_\Gamma -v_2\, dx + v_1\, dy = \iint_D \operatorname{div} \boldsymbol{V}\, dxdy$$

となる．ベクトル $\boldsymbol{n}$ の成分を $(\cos\theta, \sin\theta)$ とおくと

$$\frac{dx}{ds} = -\sin\theta, \quad \frac{dy}{ds} = \cos\theta$$

であるから(系 2.31)，これを用いて上式左辺の線積分を線素に関する線積分に変換すれば(2.39)が得られる．∎

一般に，$\mathbb{R}^n$ の領域 D 上で定義された $\mathbb{R}^n$ 値関数を D 上の**ベクトル場**(vector field)と呼ぶ．平面上のベクトル場 $\boldsymbol{V}$ が与えられたとき，(2.40)で定義されるスカラー量 $\operatorname{div} \boldsymbol{V}$ を $\boldsymbol{V}$ の**発散**(divergence)と呼ぶ．(高次元のベクトル場の発散も同様に定義される.) ベクトル場の発散の意味を，流体運動の例で考えてみよう．

いま，平面上を何らかの流体が流れているとし，点 (x, y) におけるこの流れの速度ベクトルが $\boldsymbol{V}(x, y)$ であったとする．$\boldsymbol{V}$ をこの流れの「速度場」と呼ぶ．これはベクトル場の一種である．さて，平面上に仮想的な閉曲線 γ を描き，γ で囲まれる領域を Ω とする．すると定理 2.41 より，

$$\int_C \boldsymbol{V} \cdot \boldsymbol{n}\, ds = \iint_\Omega \operatorname{div} \boldsymbol{V}\, dxdy$$

が成り立つ．左辺の線積分は，流体が境界線 C を通過する単位時間あたりの流量を表す．ただし Ω の内部から外部に流出する量を正，流入する量を負としている．（なぜなら $\boldsymbol{n}$ は外向き法線方向を向いているから．）したがって，もし左辺の線積分が正ならば，これは流出量が流入量を上回ることを意味し，Ω 内に何らかの流れの湧き出しがあることになる．逆に負であれば，流れの吸い込み(負の湧き出し)があることになる．Ω 内の湧き出し量は，上の等式から，$\operatorname{div}\boldsymbol{V}$ を Ω 上で積分したものに等しい．この関係は，Ω のとり方によらず成り立つから，結局スカラー量 $\operatorname{div}\boldsymbol{V}$ は，各点での湧き出し量(ただし単位面積あたりに換算したもの)を表すことがわかる．この理由により，ベクトル場の発散は，**湧き出し**とも呼ばれる．

なお，いたるところ $\operatorname{div}\boldsymbol{V}=0$ を満たすベクトル場は重要なクラスをなす．流れの速度場がこの性質をもつときには，この流れを「非圧縮性の流れ」と呼ぶ．

さて，重要な公式をもう 1 つ掲げよう．その前に用語と記号をいくつか準備する．領域 D の境界 Γ における**外向き法線微分** $\partial/\partial n$ とは，外向き法ベクトル $\boldsymbol{n}$ に沿っての方向微分のことをいう．すなわち

$$\frac{\partial u}{\partial n} = \boldsymbol{n}\cdot\operatorname{grad} u$$

である．次に，関数 $u(x,y)$ が与えられたとき，これを 2 回微分した関数

$$\frac{\partial^2 u}{\partial x^2}+\frac{\partial^2 u}{\partial y^2}$$

を記号 Δu で表し，「ラプラシアン u」と読む．これは，関数 u に 2 階の微分作用素

$$\Delta = \frac{\partial^2}{\partial x^2}+\frac{\partial^2}{\partial y^2} \tag{2.41}$$

を施したものである．この微分作用素を**ラプラシアン**(Laplacian)あるいは**ラプラス作用素**(Laplace operator)と呼ぶ．

定理 2.42 (グリーンの定理)　C^2 級の関数 $u(x,y)$, $v(x,y)$ に対して以下が成り立つ．

$$\iint_D (u\Delta v + \mathrm{grad}\, u \cdot \mathrm{grad}\, v)dxdy = \int_\Gamma u\frac{\partial v}{\partial n}ds, \tag{2.42}$$

$$\iint_D (u\Delta v - v\Delta u)dxdy = \int_\Gamma \left(u\frac{\partial v}{\partial n} - v\frac{\partial u}{\partial n}\right)ds. \tag{2.43}$$

［証明］ $V = \left(u\dfrac{\partial v}{\partial x}, u\dfrac{\partial v}{\partial y}\right)$ に対して公式(2.39)を適用すれば(2.42)が得られる．公式(2.43)は，公式(2.42)から，同じ公式で u と v を入れ替えたものを辺ごとに引けばよい． ∎

注意 2.43 先述のガウスの定理が「領域内部の情報を境界上の情報に置き換える公式」であるとすれば，上記のグリーンの定理は，「部分積分の高次元版」と見なすことができる．なお，この定理と，本節はじめに述べたグリーンの公式(2.34)とは，呼称がまぎらわしいが，気にするには及ばない．実際，これらの呼称の区別は必ずしも厳密ではなく，混用している文献も多い．どちらを指しているかは前後の文脈から判断すればよい．

問 12 グリーンの定理に対応する1次元の公式を書き下し，これが部分積分の公式に他ならないことを確かめよ．

(d) 応用：調和関数とディリクレ原理

関数 $u(x,y)$ が**ラプラスの方程式**(Laplace's equation)と呼ばれる偏微分方程式

$$\Delta u \left(= \frac{\partial^2 u}{\partial x^2} + \frac{\partial^2 u}{\partial y^2} \right) = 0$$

を満たすとき，u を**調和関数**(harmonic function)という．いま，領域 D の境界 Γ の上で何らかの関数 $h(x,y)$ が与えられているとする．D 上の調和関数 $u(x,y)$ で，Γ 上で h に一致するものを求める問題をディリクレ問題と呼ぶ．ディリクレ問題は，天体力学，流体力学，電磁気学をはじめ幅広い応用があり，19世紀に入って数多くの研究がなされた．その研究の中から，グリーン関数やディリクレ原理をはじめ，今日の解析学でも重要ないくつかの概念が生まれた．その詳細は，本シリーズ『熱・波動と微分方程式』に譲ると

して，ここではディリクレ原理について簡単に説明しよう．

$D\cup\Gamma$ 上で連続で，D で C^2 級，かつ Γ 上で h に一致する関数の全体のなす集合を X とおく．X に属する関数 $u(x,y)$ に対し，その**ディリクレ積分** (Dirichlet integral)を

$$E[u]=\iint_D\left\{\left(\frac{\partial u}{\partial x}\right)^2+\left(\frac{\partial u}{\partial y}\right)^2\right\}dxdy=\iint_D |\mathrm{grad}\ u|^2dxdy$$

で定義する．さて，X に属する関数 $v(x,y)$ で，ディリクレ積分を最小にするものが存在するとしよう．すなわち，

$$E[v]=\min_{u\in X}E[u]$$

が成り立つとする．このとき，Γ 上で 0 になる任意の C^2 級関数 $\varphi(x,y)$ に対し，$v+t\varphi\in X$ $(t\in\mathbb{R})$ ゆえ，t の関数 $E[v+t\varphi]$ は $t=0$ のとき最小値をとる．よって

$$0=\frac{d}{dt}E[v+t\varphi]\bigg|_{t=0}=2\iint_D \mathrm{grad}\ v\cdot\mathrm{grad}\ \varphi\, dxdy.$$

これに公式(2.42)を適用すると，次の式が得られる．

$$\iint_D \varphi\Delta v\, dxdy=0\,.$$

この式が任意の φ に対して成り立つことから，D 上で

$$\Delta u=0$$

となることが示される(その証明は省く)．よって v は調和関数であり，したがってディリクレ問題の解である．

注意 2.44 ディリクレ原理は，19 世紀半ばにガウスやディリクレによって，3 次元のラプラスの方程式

$$\frac{\partial^2 u}{\partial x^2}+\frac{\partial^2 u}{\partial y^2}+\frac{\partial^2 u}{\partial z^2}=0$$

に対する境界値問題を解くために考案された方法である．議論の本質的な部分は 2 次元も 3 次元も変わりがないので，上では 2 次元の場合について説明した．(3 次元の場合は公式(2.56)を用いよ．) ディリクレ原理は，ラプラスの方程式に変分法を適用するという画期的な着想であり，20 世紀の近代的な偏微分方程式論の形

成に深い影響を与えた．しかしガウスやディリクレの議論は，今日の基準に照らすと論理的に不完全であった．というのも，彼らはディリクレ積分を最小にする X 内の関数の存在を自明の理と断じ，その根拠を明確にしなかったからである．例えばガウスの1840年の論文には，「… 積分は非負である．したがって，この積分を最小にする電荷分布が存在しなければならない」とだけ述べられている．このような，いわば「下限」と「最小値」の区別を曖昧にした論法は，19世紀半ばまでの変分法ではごく普通に受け入れられていた．しかし19世紀後半になると，そうした非論理的な風潮に対する鋭い批判が現れるようになる(§3.6(c)の囲み記事「解をもたない変分問題」参照)．

問13　関数 $u(x,y)$ は領域 D で調和で，その境界 Γ 上で0に等しいとする．このとき D 上で $u=0$ となることを示せ．

§2.4　高次元ガウスの定理と関連公式

(a)　曲 面 積

球面や円錐面のような特定の曲面の面積(曲面積)を求める問題は，古代から盛んに論じられており，曲面が面積をもつことは，長らく自明のこととされてきた．ところが解析学が進歩して，非常に複雑な図形も計量の対象と見なされるようになると，それまで直観的にしかとらえられていなかった曲面積をきちんと定義する必要が生じてきた．§2.1で述べたように，曲線の長さは近似折れ線の長さの極限で与えられる．同じように考えれば，曲面の面積は，これを近似する多面体の面積の極限として定義されるべきものであろう．ところが事情はさほど単純ではない．曲線の長さを定める際には考えもしなかった厄介な状況が，曲面の面積に関しては起こりうるのである．1880年にシュワルツ(H. A. Schwarz)が与えた次の例は，曲面積を扱う難しさを象徴的に物語っている．

例2.45(シュワルツの提灯(ちょうちん))　空間 $\mathbb{R}^3$ 内の円筒面

$$S = \{(x,y,z) \mid x^2+y^2 = r^2,\ 0 \leqq z \leqq h\}$$

の面積を多面体近似で求めてみよう．勝手な自然数 $m \geqq 3$, $n \geqq 1$ に対して，S 上に $m(2n+1)$ 個の点 $P_{j,k}$ $(1 \leqq j \leqq m,\ 0 \leqq k \leqq n)$ および $Q_{j,k}$ $(1 \leqq j \leqq m,\ 1 \leqq k \leqq n)$ を次のようにとる．

$$P_{j,k} = \left(r\cos\frac{2j\pi}{m},\ r\sin\frac{2j\pi}{m},\ \frac{kh}{n}\right),$$
$$Q_{j,k} = \left(r\cos\frac{(2j-1)\pi}{m},\ r\sin\frac{(2j-1)\pi}{m},\ \frac{(2k-1)h}{2n}\right).$$

すると $2mn$ 個の3角形 $\triangle P_{j,k}P_{j+1,k}Q_{j+1,k+1}$ と $\triangle P_{j,k}Q_{j+1,k+1}Q_{j,k+1}$ の全体は，S に内接する多面体を形成する．この多面体を S_{mn} とおく．簡単な計算からわかるように，この多面体上の任意の点から S までの距離は $r(1-\cos\pi/m)$ 以下である．したがって $m,n\to\infty$ のとき，多面体 S_{mn} は曲面 S に限りなく近づく．

一方，S_{mn} の面積を計算すると，

$$\begin{aligned}|S_{mn}| &= 2mnr\sin\frac{\pi}{m}\sqrt{\left(\frac{h}{n}\right)^2+r^2\left(1-\cos\frac{\pi}{m}\right)^2}\\ &= 2\pi rh\left\{1+O\left(\frac{1}{m}\right)\right\}\sqrt{1+\frac{\pi^4r^2}{4h^2}\frac{n^2}{m^4}+O\left(\frac{n^2}{m^6}\right)} \qquad (2.44)\end{aligned}$$

となる．いま，関係式 $n=am^2$ を保ちながら $m,n\to\infty$ とすると，

$$|S_{mn}| \to 2\pi rh\sqrt{1+\frac{\pi^4a^2r^2}{4h^2}}$$

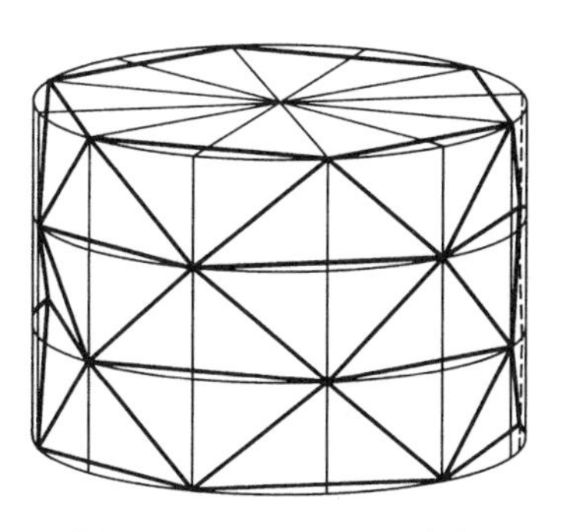

図 2.15　シュワルツの提灯

が成り立つ．この式の値は，a の定め方次第でいくらでも大きくなる．　□

上の例は，たとえ滑らかな曲面であっても，多面体近似の刻み幅を単に細かくしていくだけでは面積がうまく測れないことを示している．では，曲面積をうまく測るには，どうすればよいのだろうか？

曲面積の扱いにくさがわかってから多くの研究がなされ，さまざまな流儀の曲面積の定義が考案された．付録Cで述べる2次元ハウスドルフ測度も，曲面積を定める有力な方法の1つである．このように，同値でない複数の定義が並立している現状に，曲面積の難しさが表れている．とはいえ，我々が普段扱う滑らかな曲面に関する限り，いずれの定義も同値であるから心配することはない．本節では滑らかな曲面に話をしぼり，多面体近似を「適切に」行なえば，その面積がうまく測れることを示す．

まず2,3の記号を準備しよう．曲面 S が与えられたとする．S 上に頂点をもつ3角形で構成された多面体 $S_\triangle$ に対し，

$$\mathrm{mesh}(S_\triangle) = S_\triangle \text{ を構成する3角形の辺の最大値}, \tag{2.45}$$

$$\theta(S_\triangle) = S_\triangle \text{ を構成する3角形の内角の最小値} \tag{2.46}$$

とおく．$S_\triangle$ を構成する3角形の中に細い形状のものがあれば，それに応じて $\theta(S_\triangle)$ の値は小さくなる．

定理 2.46　D は xy 平面上の有界領域で，その境界 Γ は C^1 級の曲線であるとする．いま，$D\cup\Gamma$ 上の C^1 級関数 $u(x,y)$ が与えられたとし，曲面 $z=u(x,y)$ $((x,y)\in D\cup\Gamma)$ を S とおく．このとき，任意の定数 $0<\delta<\pi/3$ に対し，以下が成り立つ．

$$\lim_{\substack{\mathrm{mesh}(S_\triangle)\to 0\\ \theta(S_\triangle)\geqq\delta}} |S_\triangle| = \iint_D \sqrt{1+\left(\frac{\partial u}{\partial x}\right)^2+\left(\frac{\partial u}{\partial y}\right)^2}\,dxdy. \tag{2.47}$$

［証明］　D 上に点 $A=(a,b)$ を任意にとる．多面体 $S_\triangle$ を構成する3角形のうちで，その xy 平面への正射影が点 A を含むものを $\triangle PQR$ とする．この3角形の頂点の座標を

$$P=(x_0,y_0,z_0),\quad Q=(x_1,y_1,z_1),\quad R=(x_2,y_2,z_2)$$

とし，$P^*=(x_0,y_0)$, $Q^*=(x_1,y_1)$, $R^*=(x_2,y_2)$ とおく．3 角形の面積公式より

$$|\triangle PQR|=\frac{1}{2}|\overrightarrow{PQ}\times\overrightarrow{PR}|=\frac{1}{2}\left|\begin{pmatrix}x_1-x_0\\y_1-y_0\\z_1-z_0\end{pmatrix}\times\begin{pmatrix}x_2-x_0\\y_2-y_0\\z_2-z_0\end{pmatrix}\right|$$

が成り立つ．ここで $\xi_j=x_j-x_0$, $\eta_j=y_j-y_0$ $(j=1,2)$ および

$$\alpha=\frac{\partial u}{\partial x}(a,b),\quad \beta=\frac{\partial u}{\partial y}(a,b)$$

とおくと，

$$z_j-z_0=u(x_j,y_j)-u(x_0,y_0)=\alpha\xi_j+\beta\eta_j+o(|\xi_j|+|\eta_j|)$$

$(j=1,2)$ となるから，上式は次のように変形できる．

$$\begin{aligned}|\triangle PQR|&=\frac{1}{2}\sqrt{1+\alpha^2+\beta^2}\,|\xi_1\eta_2-\eta_1\xi_2|+o(\xi_1^2+\xi_2^2+\eta_1^2+\eta_2^2)\\&=\sqrt{1+\alpha^2+\beta^2}\,|\triangle P^*Q^*R^*|+o(\xi_1^2+\xi_2^2+\eta_1^2+\eta_2^2)\,.\end{aligned}$$

さて，条件 $\theta(S_\triangle)\geqq\delta$ より，δ にのみ依存する定数 M_δ が存在して

$$\xi_1^2+\xi_2^2+\eta_1^2+\eta_2^2=\overline{P^*Q^*}^2+\overline{P^*R^*}^2\leqq\overline{PQ}^2+\overline{PR}^2\leqq M_\delta|\triangle PQR|$$

が成り立つ．これを上の式に代入して変形すれば，

$$|\triangle PQR|=\left(\sqrt{1+\alpha^2+\beta^2}+o(1)\right)|\triangle P^*Q^*R^*|$$

を得る．これより公式(2.47)が容易に導かれる． ∎

上の結果から，次の定理がただちに導かれる．

定理 2.47　S を C^1 級の曲面とすると，任意の定数 $0<\delta<\pi/3$ に対し，極限値

$$\lim_{\substack{\mathrm{mesh}(S_\triangle)\to 0\\ \theta(S_\triangle)\geqq\delta}}|S_\triangle| \tag{2.48}$$

が確定する．

［証明］　S は C^1 級の曲面だから，各点の近傍で局所的に 2 変数の C^1 級関数のグラフで表現できる．これより，S は C^1 級関数のグラフ $G_1,G_2,\cdots,G_m$ を張り合わせた形に表される．多面体 $S_\triangle$ を構成する 3 角形のうち，頂点

が G_k 上にあるものの全体が形成する多面体を $(S_\triangle)_k$ $(k=1,2,\cdots,m)$ とおく．ここで各々のグラフ面 G_k に定理 2.46 を適用すれば，多面体 $(S_\triangle)_k$ の面積が収束することがわかる．よって $S_\triangle$ 全体の面積も収束する． ∎

極限値(2.48)を曲面 S の**面積**と呼ぶ．本書ではこれを平面領域の面積と同じ記号 $\mathcal{A}(S)$ で表す．上の定理から，多面体近似 $S_\triangle$ を構成する3角形の形状が過度にいびつにならないように(すなわちペシャンコにつぶれないように)注意を払っておけば，どのような多面体近似を用いても S の正しい面積が測れることがわかる．

例 2.48（回転面の面積）　区間 $[a,b]$ 上で定義された関数 $y=f(x)>0$ のグラフを x 軸のまわりに回転して得られる曲面の面積が

$$2\pi\int_a^b f(x)\sqrt{1+f'(x)^2}\,dx$$

となることを，上の曲面積の定義から導くのは難しくない．例 2.45 と同じような多面体近似を用い，$m=n\to\infty$ とすればよい． □

注意 2.49　回転面の面積に関する上記の公式は，高校や大学初年級の教科書でもおなじみのものである．ただしそれらの入門的教科書では，曲面積とはそもそも何であるかをきちんと議論することは稀であり，直観的に「曲面積らしく見えるもの」を計算し，それですませている場合が多い．このような直観的議論は，それはそれで大切ではあるが，そこで行なわれた計算の正当性を，曲面積の普遍的な定義に照らして確認する作業も，ある段階では必要となる．

問 14　例 2.45 において，$m=O(n)$ という関係を保ちながら $m,n\to\infty$ とすると，$|S_{mn}|$ はどのような値に収束するか？

(b) 面積分

曲線上の積分を線積分と呼ぶように，曲面上の積分を面積分と呼ぶ．さて，S を xyz 空間内の C^1 級曲面 S とし，$f(x,y,z)$ を S 上で定義された連続関数とする．S 上での f の積分を定義しよう．

曲面積を定義したときと同じように，S 上に頂点をもつ3角形からなる多

面体 $S_\triangle$ を考える．$S_\triangle$ を構成する3角形を $K_1, K_2, \cdots, K_N$ とし，それらの面積を $|K_1|, \cdots, |K_N|$ とおく．また，各 $j=1,2,\cdots,N$ に対し，3角形 K_j に十分近い S の点 Q_j を適当に選ぶ．例えば Q_j は K_j の頂点の1つでもよい．こうして，和

$$\sum_{K \in S_\triangle} f(Q_j)|K_j| \tag{2.49}$$

を考えよう．定理2.47と同じようにして，条件 $\theta(S_\triangle) \geqq \delta$ を保ちながら $\mathrm{mesh}(S_\triangle) \to 0$ とすると，(2.49)が特定の値に収束することが証明できる．これを記号

$$\iint_S f\,d\sigma \tag{2.50}$$

で表し，曲面 S 上での f の**面素に関する積分**あるいは単に**面積分**(surface integral)と呼ぶ．

注意 2.50　線積分にいくつかの種類があるように，面積分にも面素に関する積分以外のものが考えられる．それを簡単に紹介しておこう．まず，S が「向き付けられた」曲面，すなわち表と裏の区別がある曲面であるとする．すると，多面体近似 $S_\triangle$ を構成する3角形 $K_1, \cdots, K_N$ の1つ1つにも自然に向きが定まる．3角形 K_j の外向き法ベクトルを

$$\boldsymbol{n} = (n_x, n_y, n_z)$$

とおく．さて，3角形 K_j の xy 平面，yz 平面，zx 平面への正射影を考え，それらの(向き付けられた)面積を

$$(K_j)_{xy} = n_z|K_j|,\quad (K_j)_{yz} = n_x|K_j|,\quad (K_j)_{zx} = n_y|K_j|$$

と定める．(2.49)における $|K_j|$ を $(K_j)_{xy}$ で置き換え，$\mathrm{mesh}(S_\triangle) \to 0$ の極限をとったものを記号

$$\iint_S f\,dxdy$$

で表す．同様に，

$$\iint_S f\,dydz, \qquad \iint_S f\,dzdx$$

が定義される．これらの面積分はいずれも重要であるが，体系的な取り扱いをす

るには，微分形式の枠組みで論じる方がずっと効率がよい(注意2.54参照).

(c)　ガウスの定理

以下，D は xyz 空間内の有界領域で，その境界 S は C^1 級曲面(または区分的に C^1 級の曲面)であるとする．また，S の法ベクトル $\boldsymbol{n}$ やベクトル場

$$\boldsymbol{V}(x,y,z) = (v_1(x,y,z), v_2(x,y,z), v_3(x,y,z))$$

の**発散**

$$\operatorname{div} \boldsymbol{V} = \frac{\partial v_1}{\partial x} + \frac{\partial v_2}{\partial y} + \frac{\partial v_3}{\partial z}$$

も平面の場合と同様に定義しておく．次の定理は定理2.41 の3次元への拡張であり，これが本来の**ガウスの発散定理**と呼ばれるものである．これと区別するため，定理2.41 を「平面ガウスの定理」と呼ぶことがある．

定理 2.51　$\boldsymbol{V}(x,y,z)$ を $D \cup S$ 上の C^1 級ベクトル場とすると，

$$\iint_S \boldsymbol{V}\cdot\boldsymbol{n}\, d\sigma = \iiint_D \operatorname{div} \boldsymbol{V}\, dxdydz. \tag{2.51}$$

［証明］　注意2.50 で定義した面積分を用いると，(2.51)は次のように書き替えられる．

$$\iint_S v_1\, dydz + v_2\, dzdx + v_3\, dxdy = \iiint_D \left(\frac{\partial v_1}{\partial x} + \frac{\partial v_2}{\partial y} + \frac{\partial v_3}{\partial z} \right) dxdydz. \tag{2.52}$$

この等式は，2次元の場合と同様，いく通りかの方法で証明できるが，ここでは§2.3(b)で与えた基本公式の別証明と同じ論法を用いよう．まず領域 D を細かな3角錐に分割する．(これは2次元の場合に用いた3角形分割に対応するものである．境界積分の誤差評価の煩雑さを避けるため，S は多面体であると仮定しておく．) すると，2次元の場合の(2.37)に相当する式が成り立つから，各々の微小3角錐上で公式(2.52)が成り立つことを示せばよい．分割をさらに細かくしていき，2次元の場合に評価式(2.38)を導いたのと同じ論法を適用すると，結局，v_1, v_2, v_3 が1次式の場合に公式が示されれば十分であることがわかる．よって，次の補題により証明が完了する．　∎

補題 2.52 K を任意の3角錐領域，S をその境界とすると，次が成り立つ．

$$\iint_S dydz = \iint_S dzdx = \iint_S dxdy = 0, \tag{2.53}$$

$$\iint_S (\alpha y+\beta z)\, dydz = \iint_S (\alpha z+\beta x)\, dzdx = \iint_S (\alpha x+\beta y)\, dxdy = 0, \tag{2.54}$$

$$\iint_S x\, dydz = \iint_S y\, dzdx = \iint_S z\, dxdy = \iiint_D dxdydz\,. \tag{2.55}$$

[証明] 境界面 S は4個の3角形で構成される．これらを xy 平面に正射影し，その符号付き面積の和をとったものが $\iint_S dxdy$ である．正射影した際に裏返しになった3角形の面積は符号が逆転するから，和をとると全体が打ち消しあって

$$\iint_S dxdy = 0$$

が得られる．同様に(2.53)のはじめの2つの積分も0となる．(2.54)も同じ論法で示される．最後に(2.55)を示そう．3角錐の頂点を A,B,C,D とし，3角形 ABC, BCD, CDA, DAB をそれぞれ S_1, S_2, S_3, S_4 とおく．また，点 A,B,C,D の xy 平面への正射影を A',B',C',D' とおく．3角錐 $ABCD$ を z 軸に沿って平行移動しても面積分 $\iint_S z\, dxdy$ の値が影響を受けないことは $\iint_S dxdy=0$ からわかるから，はじめから点 A,B,C,D の z 座標がすべて正であるとして一般性を失わない．さて，簡単な図形的考察から

$$\iint_{S_1} z\, dxdy = \text{図形}\, A'B'C'ABC\, \text{の「符号付き」体積}$$

が導かれる．ここで図形 $A'B'C'ABC$ とは，3角形 $A'B'C'$ と3角形 ABC ではさまれる柱状領域を指す．また，その体積の「符号」は，3角形 ABC を xy 平面に正射影する際に裏返しになるか否かに応じて決まる．同様に，

$$\iint_{S_2} z\, dxdy = \text{図形}\, B'C'D'BCD\, \text{の「符号付き」体積},$$

$$\iint_{S_3} z\,dxdy = \text{図形}\, C'D'A'CDA\, \text{の「符号付き」体積},$$

$$\iint_{S_4} z\,dxdy = \text{図形}\, D'A'B'DAB\, \text{の「符号付き」体積}$$

が成り立つ．これらの符号付き体積を足し合わせると3角錐 $ABCD$ の体積が得られる．よって，

$$\iint_S z\,dxdy = \iiint_D dxdydz\,.$$

同じ論法で，(2.55)の他の等式も証明できる．■

定理 2.53（グリーンの定理）　C^2 級の関数 $u(x,y,z)$, $v(x,y,z)$ に対して以下が成り立つ．

$$\iiint_D (u\Delta v + \mathrm{grad}\, u \cdot \mathrm{grad}\, v)\,dxdydz = \iint_S u\frac{\partial v}{\partial n}\,d\sigma, \qquad (2.56)$$

$$\iiint_D (u\Delta v - v\Delta u)\,dxdydz = \iint_S \left(u\frac{\partial v}{\partial n} - v\frac{\partial u}{\partial n}\right)d\sigma. \qquad (2.57)$$

[証明]　証明は2次元の場合とまったく同様で，ガウスの発散定理からただちに導かれる．詳細は読者にゆだねる．■

問 15　グリーンの定理の証明を完成させよ．

注意 2.54　微分形式を用いると，公式(2.34)や(2.52)を，より体系的に扱うことができる．D を $\mathbb{R}^n$ 内の有界領域，∂D をその境界，ω を ∂D 上の $n-1$ 形式とすると，一般に

$$\int_{\partial D} \omega = \int_D d\omega \qquad (2.58)$$

が成り立つ．これを**ガウス–グリーンの公式**と呼ぶ．ここで $d\omega$ は微分形式 ω の微分を表す．例えば $n=2$ のとき，

$$\int_{\partial D} P\,dx + Q\,dy = \int_D d(P\,dx + Q\,dy)$$

$$
\begin{aligned}
&= \int_D \left(\frac{\partial P}{\partial x} dx + \frac{\partial P}{\partial y} dy \right) \wedge dx + \left(\frac{\partial Q}{\partial x} dx + \frac{\partial Q}{\partial y} dy \right) \wedge dy \\
&= \int_D \frac{\partial P}{\partial x} dx \wedge dx + \frac{\partial P}{\partial y} dy \wedge dx + \frac{\partial Q}{\partial x} dx \wedge dy + \frac{\partial Q}{\partial y} dy \wedge dy \\
&= \int_D \left(-\frac{\partial P}{\partial y} + \frac{\partial Q}{\partial x} \right) dx \wedge dy . \qquad (2.59)
\end{aligned}
$$

最後の等式を導くのに,

$$dx \wedge dx = dy \wedge dy = 0, \quad dx \wedge dy = -dy \wedge dx$$

となることを用いた.こうして2次元のグリーンの公式(2.34)が得られた.同様にして,3次元の公式も公式(2.58)の特別の場合として導かれる.ちなみに公式(2.58)は,$\mathbb{R}^n$ 内の領域に限らず,もっと一般の多様体(いわば,曲がった空間内の領域)にも拡張できる.そのような一般的公式を**一般ストークスの公式**と呼ぶ.なお,微分形式をより詳しく学びたい読者は,本シリーズ『解析力学と微分形式』およびそこに掲載されている参考文献を参照されたい.

《まとめ》

2.1 曲線の長さは,近似折れ線の長さの極限として定まる.

2.2 曲線列 Γ_k が曲線 Γ に収束すると,長さに関して不等式 $l(\Gamma) \leqq \varliminf_{k \to \infty} l(\Gamma_k)$ が成立する.等号は必ずしも成り立たない(長さの下半連続性).

2.3 長さのある曲線上で連続関数は線積分可能である.証明は付録で与える.

2.4 平面領域の面積は,正方形区画への分割を用いて定義する(ジョルダンの意味の面積).面積が定まらない領域も存在する.

2.5 領域の境界が連続的に変化すれば,面積も連続的に変化する.

2.6 曲面の面積の定義は,曲線の長さに比べて厄介である.滑らかな曲面であっても,その面積をうまく測るには,多面体近似の仕方に注意が必要である.

2.7 区分的に滑らかな曲面上で面積分が定義できる.

2.8 グリーンの公式やガウスの定理は,微分積分法の基本定理の高次元版として位置づけられる.

2.9 グリーンの定理は部分積分の高次元版である.

2.10 ディリクレ原理により,ラプラス方程式の解を求めることができる.

演習問題

2.1

(1) xy 平面上でのクアドラトリックス(§2.1(b)の囲み記事参照)の表示式を $y=f(x)$ の形で求めよ．ただし点 A,O,D の座標をそれぞれ $(-a,0),(0,0),(a,0)$ とする．

(2) $OF:OE$ の長さの比を求めよ．

(3) 円積問題を解くためには，平面上に長さの比が $1:\sqrt{\pi}$ の2本の線分が作図できればよい．クアドラトリックスを用いて作図する方法を考えよ．

2.2　領域 D が**凸領域**であるとは，D 内の任意の2点を結ぶ線分がつねに D に含まれることである．正方形，長方形，円，楕円等で囲まれる領域は凸領域の例である．凸領域の境界は長さのある曲線であることを示せ．(ヒント．境界を Γ とする．Γ 上に分点を N 個とり，それらの点を通る内接 N 角形と外接 N 角形を考える．分点を追加していくと，内接多角形の周長は増加し，外接多角形の周長は減少することを示せ．)

2.3　Γ は xy 平面上の原点を中心とする円とする．このとき，次の積分値を求めよ．

$$\int_\Gamma \frac{x^3-3xy^2}{(x^2+y^2)^2}\,dx\,.$$

2.4　Γ を xy 平面上の長さのある曲線とする．$f(x)$ が x のみに依存する関数なら $\displaystyle\int_\Gamma f(x)\,dx=0$ が成り立つ．

2.5　集合 A が**可算集合**(countable set)であるとは，A の要素と自然数の全体の間に1対1の対応関係がつけられることをいう．これは言いかえれば，A の要素の全体を $a_1,a_2,a_3,\cdots$ というふうに自然数で番号づけられることを意味する．平面上の任意の可算集合は，ルベーグ測度0であることを証明せよ．

2.6　xy 平面上に C^1 級のベクトル場 $\boldsymbol{V}(x,y)$ が与えられているとする．曲線 γ が $\boldsymbol{V}$ の**積分曲線**であるとは，γ の各点 P での接線がベクトル $\boldsymbol{V}(P)$ に平行であることをいう．さて，$\mathrm{div}\,\boldsymbol{V}>0$ がいたるところ成り立つならば，$\boldsymbol{V}$ の積分曲線で閉曲線であるものは存在しないことを示せ(ベンディクソンの定理)．

2.7　D は $\mathbb{R}^3$ 内の有界領域で，その境界 S は C^1 級の曲面とする．また，関数 $u(x)$ は D 上で調和で，S 上で $\partial u/\partial n=0$ を満たすとする．このとき，u は定数関数であることを示せ．

バナッハ-タルスキーの逆理

1924年にバナッハ(S. Banach)とタルスキー(A. Tarski)は次のような衝撃的な内容の定理を発表した.

定理 X, Y を $\mathbb{R}^3$ 内の任意の2つの有界集合とする. ただし X も Y も内点をもつとする. (「内点」の定義については§3.3(a)を見よ.) このとき, X を共通部分のない有限個の部分集合 $X_1, \cdots, X_m$ に分割し, 同様に Y も共通部分のない同じ数の部分集合 $Y_1, \cdots, Y_m$ に分割して, 各 $k=1, \cdots, m$ に対して X_k と Y_k が互いに合同な図形であるようにできる. □

この定理によれば, 例えば1つの球 X を, 適当な有限個の断片に分割し, それらの断片をジグゾーパズルのようにうまくつなぎ合わせて, 直径が2倍の球 Y (しかも中身のきちんとつまったもの!)をつくることが可能である. それどころか, 1個の野球ボールを, 銀河系をすっぽり含む巨大な球に組み替えることすらできることになる. これは, 体積についての我々の常識とまったく相容れない事実である. なぜなら, 図形の体積は分割や位置の移動によって変化してはならない量だからである. では, このような不合理がなぜ可能なのだろうか?

バナッハ-タルスキーの定理の内容は, 確かに不合理には見えるが, 体積保存に関する一般法則(命題2.25と2.26に対応するもの)と実は何ら矛盾するものではない. というのも, 各断片 X_k や Y_k は体積がまったく定義できない図形だからである. したがって, たとえ最初の図形 X が球のように体積をもつ図形であっても, これを体積が定義できない図形に分解した時点で, 体積保存に関する法則は意味を失うのである.

この説明を, 理屈としては理解できても, 何か釈然としないものを感じる読者は多いだろう. 関連した結果をもう1つ掲げよう.

定理 半径1の閉球 B を5つの断片に分割し, その断片をうまく組み換えて, 半径1の閉球を2個作ることができる. (「閉球」とは, 球の内部と表面を合わせたものを指す.) □

この定理はロビンソン(R. M. Robinson)が1947年に発表したものである. バナッハ-タルスキーの定理の特別の場合であるとはいえ, $m=5$ と特定していることで, 内容の不条理性がより現実味を帯びて伝わってくる. では, 具体的に球 B をいかなる形の断片に分割すれば, B と同じ大きさの球が2つ作れるのだろうか？　驚くべきことに，我々はこのような5つの断片が存在するという事実は証明できても，それらの具体的な形状は決して知り得ないのである．

バナッハ–タルスキーの定理もロビンソンの定理も，「選択公理」と呼ばれる集合論上の公理から導かれる．選択公理は，我々の認識の限界を超えた「無限」という対象を，比較的大胆に扱うことを可能にする公理である．(選択公理については，本シリーズ『現代数学の流れ1』の「無限を数える」に解説がある．詳細は集合論に関する成書を参照されたい．) 選択公理を放棄して，「無限」の扱い方により慎重な公理系を導入すると，あらゆる図形が体積をもつような数学の世界を構築できる．その世界の中では上記2定理に示した不条理な現象はもちろん起こらない．このように，「無限」に関する公理系の定め方いかんで，ロビンソンの定理で述べたような球 B の分割は，原理的に可能であったり，不可能であったりする．言いかえれば，我々が「無限」という超越的対象をどこまで受け入れるかに応じて，球 B の5つの断片は，その存在をかいま見せたり，見せなかったりするのである．いずれの場合であれ，我々はこれらの断片の姿を，通常の知覚で直接とらえることはできない．

20世紀の数学は，当初いろいろな慎重論もあったが，結局，選択公理を採用する道を選んだ．選択公理に代わる公理系では，「無限」に関して保守的すぎて数学に十分な活力を吹き込むことができなかったからである．その代償として，我々は，バナッハ–タルスキーの定理のような，通常の直観に反する厄介な現象もいろいろと抱え込むことになった．21世紀の数学では，「無限」に対するまったく別のアプローチの仕方が現れるかも知れない．もしそうだとすれば，それは数学全体の枠組みを揺さぶる新しいうねりの中から生まれてくることだろう．

3 関数列の収束

微分積分法の誕生以来，基本概念の曖昧さを残したまま発展した解析学を，厳密な体系として整備する動きが19世紀に入って始まった．その口火を切ったのは，発散級数と収束級数の区別を初めて明確化したコーシー(A. L. Cauchy)である．その後リーマン(G. F. B. Riemann)をはじめ多くの人々の手によって，微積分の論理的基盤の整備が進められた．とりわけワイエルシュトラス(K. Weierstrass)は，解析学全般の厳密化に大きく貢献したことで知られる．

ワイエルシュトラスが活動を始めた19世紀中葉には，数列や級数の収束理論はできあがっていたが，関数概念に不備な点がまだ多かった．彼が1872年に発表した，いたるところ微分不可能な連続関数の存在は，当時の常識を覆すものであり，関数の連続性や微分可能性の意味についての深刻な反省をうながした．また，彼は解をもたない変分問題の例も提示して，直観に過度に依存する解析手法の危険性を指摘するとともに，関数列の収束理論を整備して，変分法の近代化に貢献した(§3.6参照)．

今日の解析学で扱われる関数列の収束には，各点収束，一様収束，平均収束をはじめ，数多くの種類があり，場面に応じて使い分けられる．これら多様な収束の概念は，一朝一夕に考え出されたものではなく，19世紀後半から現代に至るまでの解析学の発展の歴史の中で，徐々に形成されたものである．そこには，近代解析学が取り扱ってきた数多くの問題の多彩な個性が反映されているといってよいだろう．関数列の収束理論の全体像を紹介するのは本書の範囲を越えるが，本章では，比較的取り扱いが簡単でしかも重要性の高い「一様収束」の概念を中心に，関数を項とする列や級数の性質を論じることにする．

また，本章の後半では，関数列の収束についての知識を利用して曲線族の収束を論じ，古典的等周問題やフェルマの原理をはじめとする，ある種の変分問題に応用する．

§3.1　極限と収束(再説)

関数の収束理論をしっかり学ぶためには，まず数列や級数の収束についての正しい知識がなければならない．そこで本節と次節では，『微分と積分1,2』で学んだ数列や級数の収束の概念をもう一度復習し，より明確な形に整理しなおすことにする．したがって，本節と次節で扱う命題や定理には『微分と積分1,2』で既出のものが多いが，系統的理解を助けるための記述が要所要所に付加されている．なお，極限や収束の基本概念をすでに十分習得している読者は，§3.1と§3.2を読み飛ばして先に進んでも一向に差し支えない．

(a)　収束の定義

実数の列 $a_1, a_2, a_3, \cdots$ が実数 α に**収束する**(converge)とは，正の数 ε をどれだけ小さくとっても，ある番号 N から先のすべての n に対して

$$|a_n - \alpha| < \varepsilon$$

が成り立つことをいう．これを

$$\lim_{n\to\infty} a_n = \alpha$$

と表し，α を数列 $\{a_n\}_{n=1}^{\infty}$ の**極限値**(limit value)あるいは単に**極限**と呼ぶ．収束しない数列は**発散する**(diverge)という．

数列 $\{a_n\}_{n=1}^{\infty}$ が $+\infty$ **に発散する**とは，正の数 M をどれだけ大きくとっても，ある番号 N から先のすべての n に対して

$$a_n > M$$

が成り立つことをいう．これを

$$\lim_{n\to\infty} a_n = +\infty$$

と表す．数列 $\{a_n\}_{n=1}^{\infty}$ が $-\infty$ **に発散する**とは，正の数 M をどれだけ大きくとっても，ある番号 N から先のすべての n に対して

$$a_n < -M$$

が成り立つことをいう．これを

$$\lim_{n\to\infty} a_n = -\infty$$

と表す．なお，$+\infty$ の $+$ 記号は省略することもある．

例 3.1　上の定義に基づいて，数列 $\{1/\sqrt{n}\}_{n=1}^{\infty}$ が 0 に収束することを示そう．ε を勝手な正の数とすると，ε^2 も正の数ゆえ，アルキメデスの公理(本シリーズ『幾何入門 1』p. 48 参照)より，$N\varepsilon^2 > 1$ を満たす自然数 N が存在する．このとき $1/\sqrt{N} < \varepsilon$ となるから，任意の $n \geqq N$ に対して

$$0 < \frac{1}{\sqrt{n}} < \varepsilon$$

が成立する．よって $1/\sqrt{n}$ は $n\to\infty$ のとき 0 に収束する．　□

任意の数列が極限値をもつわけではないが，『微分と積分 1, 2』で学んだように，単調で有界な実数列は必ず極限値をもつ．すなわち次の定理が成り立つ．

定理 3.2　単調増加な実数列 $a_1 \leqq a_2 \leqq a_3 \leqq \cdots$ が上に有界，すなわち適当な実数 M に対して $a_n \leqq M$ $(n=1,2,3,\cdots)$ が成り立つなら，この数列はある実数に収束する．同様に，単調減少な実数列 $a_1 \geqq a_2 \geqq a_3 \geqq \cdots$ が下に有界，すなわち適当な実数 M に対して $a_n \geqq M$ $(n=1,2,3,\cdots)$ が成り立つなら，この数列はある実数に収束する．　□

『微分と積分 2』(第 2 章定理 2.2)では，上の定理を上限の存在に関する公理から導いた．実数を特徴付ける公理については，互いに同値なさまざまな言いかえがあり，上の定理で述べた性質を実数の公理として採用し，他のさまざまな性質をここから導くこともできる．この辺の事情については実数論についての解説書を参照されたい．本章ではとりあえず上の定理はそのまま

認めて先に進むことにしよう.

例題 3.3

$$a_n = \underbrace{\sqrt{1+\sqrt{1+\cdots+\sqrt{1+\sqrt{1}}}}}_{n\text{個}} \quad (n=1,2,3,\cdots)$$

とおくとき，$\lim_{n\to\infty} a_n$ が存在することを示し，その値を求めよ.

［解］　数列 $\{a_n\}$ は単調増加だから，収束性を証明するには，上から有界であることを示せばよい．まず，この数列が以下の漸化式を満たすことに注意する.

$$a_1 = 1, \quad a_{n+1} = \sqrt{1+a_n} \quad (n=1,2,3,\cdots).$$

上式と数学的帰納法から，$a_n < 2\ (n=1,2,3,\cdots)$ であることは容易にわかる．よって上に有界である.

次にこの数列の極限値を α とおく．上の漸化式において $n\to\infty$ とすると，$\alpha=\sqrt{1+\alpha}$．これより $\alpha=\dfrac{1+\sqrt{5}}{2}$. ∎

問1　$a_n \geqq 1\ (n=0,1,2,\cdots)$ のとき，次の連分数は収束することを示せ.

$$a_0 + \cfrac{1}{a_1 + \cfrac{1}{a_2 + \cfrac{1}{a_3 + \ddots}}}$$

さて，ここまでは実数列の収束を論じてきたが，複素数列やユークリッド空間 $\mathbb{R}^d$ 内の点列の収束も同じようにして扱える．その場合は，$|a_n-\alpha|$, $|f(x)-\alpha|$ などに現れる絶対値記号を，そのまま複素数平面 $\mathbb{C}$ や空間 $\mathbb{R}^d$ における絶対値記号に読み替えればよい．この意味における $\mathbb{R}^d$ での収束を，**ユークリッドの距離に関する収束**と呼ぶ(付録B参照)．なお，第1,2章のように空間の次元を表すのに文字 n を用いる場合は，混乱を避けるため，点列には $\{a_k\}$ など n 以外の添字を用いねばならないのはいうまでもない.

命題 3.4　$\mathbb{R}^d$ 内の点列 $\{x_k\}_{k=1}^{\infty}$ がある点 a にユークリッドの距離に関し

て収束することと，x_k の d 個の成分がそれぞれ対応する a の成分に収束すること(**成分ごとの収束**)は同値である．

［証明］ $y_k = x_k - a$ の成分表示を

$$y_k = \begin{pmatrix} y_k^1 \\ \vdots \\ y_k^d \end{pmatrix}$$

とすると，簡単な計算から次の不等式が得られる．

$$\max_{1 \leqq j \leqq d} |y_k^j| \leqq |y_k| = \sqrt{\sum_{j=1}^{d} |y_k^j|^2} \quad (j = 1, 2, \cdots, d). \tag{3.1}$$

前半の不等式から，$|y_k| \to 0$ であれば $|y_k^j| \to 0$ $(j = 1, 2, \cdots, d)$ となる．すなわち y_k の各成分は 0 に収束する．一方，後半の不等式から，y_k の各成分が 0 に収束すれば $|y_k| \to 0$ となることも明らかである． ∎

さて，今度は連続的に変化する量の収束について考えてみよう．実数値関数 $f(x)$ が $x \to a$ のとき α に**収束する**とは，正の数 ε をどれだけ小さくとっても，正の数 δ をうまく選べば，

$$0 < |x - a| < \delta \quad \Longrightarrow \quad |f(x) - \alpha| < \varepsilon \tag{3.2}$$

が成り立つようにできることをいう．これを

$$\lim_{x \to a} f(x) = \alpha$$

と表し，α を $x \to a$ のときの $f(x)$ の**極限値**あるいは**極限**と呼ぶ．次の命題は基本的である．

命題 3.5 $f(x)$ を実数値関数，a を実数とすると，以下の 2 条件は同値である．

(a) $x \to a$ のとき $f(x)$ は収束する．

(b) a に収束する任意の数列 $\{x_n\}_{n=1}^{\infty}$(ただし $x_n \neq a$, $n = 1, 2, 3, \cdots$)に対し数列 $\{f(x_n)\}_{n=1}^{\infty}$ は収束する．

［証明］ (a)$\Longrightarrow$(b)は明らかだから，(b)$\Longrightarrow$(a)を示せば十分である．$\{x_n\}_{n=1}^{\infty}$, $\{y_n\}_{n=1}^{\infty}$ を a に収束する 2 つの数列(ただし $x_n \neq a$, $y_n \neq a$)とし，

$$\lim_{n \to \infty} f(x_n) = \alpha, \quad \lim_{n \to \infty} f(y_n) = \beta$$

とおく．$\{x_n\}$ と $\{y_n\}$ の項を交互に並べた数列 $x_1, y_1, x_2, y_2, \cdots$ もまた a に収束するから，(b)の性質より数列 $f(x_1), f(y_1), f(x_2), f(y_2), \cdots$ も収束する．したがって $\alpha=\beta$ でなければならない．よって a に収束する数列 x_n の選び方によらず極限値 $\lim_{n\to\infty} f(x_n)$ は同じ値になる．この値を α とおく．さて，

$$\lim_{x\to a} f(x) = \alpha \tag{3.3}$$

となることを背理法で示そう．仮にこれが成り立たないとすると，適当な正の数 ε_0 を見つけて，どれだけ小さな $\delta>0$ に対しても，$0<|x-a|<\delta$ の範囲の中に

$$|f(x)-\alpha| \geqq \varepsilon_0 \tag{3.4}$$

を満たす x があるようにできる．そこで，まず(3.4)を満たす x を1つ選び，これを x_1 とおく．次に，$0<|x-a|<|x_1-a|/2$ の範囲の x で(3.4)を満たすものを1つ選び，これを x_2 とおく．以下同様に，点列 $x_3, x_4, \cdots$ を，以下を満たすように選べる．

$$|x_{n+1}-a| < \frac{1}{2}|x_n-a| \quad (n=1,2,3,\cdots), \tag{3.5}$$

$$|f(x_n)-\alpha| \geqq \varepsilon_0 \quad (n=1,2,3,\cdots). \tag{3.6}$$

(3.5)より，数列 $\{x_n\}_{n=1}^{\infty}$ は a に収束する．したがって先ほど証明したように，数列 $\{f(x_n)\}_{n=1}^{\infty}$ は α に収束するはずだが，これは(3.6)と矛盾する．よって背理法により，(3.3)が示された． ∎

上で扱った $x\to a$ の場合と同様に，$\lim_{x\to-\infty} f(x)$ や $\lim_{x\to+\infty} f(x)$ も定義できる．これらに対しても命題3.5の結論が a を $-\infty$ や $+\infty$ に読み替えるとそのまま成り立つが，詳細は読者にゆだねる．

(b)　上極限・下極限

実数列 $\{a_n\}_{n=1}^{\infty}$ が与えられたとき，

$$b_n = \sup_{k\geqq n} a_k, \quad c_n = \inf_{k\geqq n} a_k \tag{3.7}$$

とおけば，新たな数列 $\{b_n\}_{n=1}^{\infty}$ と $\{c_n\}_{n=1}^{\infty}$ が定まり，以下を満たす．

$$b_1 \geqq b_2 \geqq b_3 \geqq \cdots \geqq c_3 \geqq c_2 \geqq c_1 .$$

ただしここで b_n や c_n は $+\infty$ や $-\infty$ の値もとり得る．$\{b_n\}_{n=1}^{\infty}$ は単調減少列，$\{c_n\}_{n=1}^{\infty}$ は単調増大列だから，『微分と積分 1, 2』で学んだように，$\lim_{n\to\infty} b_n$ と $\lim_{n\to\infty} c_n$ の値が確定する．これらをそれぞれ数列 $\{a_n\}_{n=1}^{\infty}$ の**上極限**(superior limit)，**下極限**(inferior limit)と呼び，前者を

$$\overline{\lim_{n\to\infty}}\, a_n\,, \quad \limsup_{n\to\infty} a_n$$

などの記号で，後者を

$$\underline{\lim_{n\to\infty}}\, a_n\,, \quad \liminf_{n\to\infty} a_n$$

などの記号で表す．上の不等式から明らかなように，

$$\overline{\lim_{n\to\infty}}\, a_n \geqq \underline{\lim_{n\to\infty}}\, a_n \tag{3.8}$$

がつねに成り立つ．

例 3.6　$a_n = (-1)^n$ であれば，

$$\overline{\lim_{n\to\infty}}\, a_n = 1, \quad \underline{\lim_{n\to\infty}}\, a_n = -1. \qquad \square$$

一般に，$\overline{\lim_{n\to\infty}}\, a_n = \beta$ であれば，数列 $\{a_n\}$ の部分列で β に収束するものが存在するが，β より大きい値に収束する部分列は存在しない．同様に，$\underline{\lim_{n\to\infty}}\, a_n = \gamma$ であれば，数列 $\{a_n\}$ の部分列で γ に収束するものが存在するが，γ より小さい値に収束する部分列は存在しない．

問 2　x を実数とするとき，$\overline{\lim_{k\to\infty}} \cos kx$ を求めよ．

次の命題は容易に示すことができる．

命題 3.7　実数列 $\{a_n\}_{n=1}^{\infty}$ について以下が成立する．

$$\lim_{n\to\infty} a_n = \alpha \iff \underline{\lim_{n\to\infty}}\, a_n = \overline{\lim_{n\to\infty}}\, a_n = \alpha, \tag{3.9}$$

$$\lim_{n\to\infty} a_n = -\infty \iff \overline{\lim_{n\to\infty}}\, a_n = -\infty, \tag{3.10}$$

$$\lim_{n\to\infty} a_n = +\infty \iff \underline{\lim_{n\to\infty}}\, a_n = +\infty. \tag{3.11}$$

$\square$

上の命題から，数列 $\{a_n\}$ が 0 に収束するための必要十分条件は

$$\overline{\lim_{n\to\infty}}\,|a_n| = 0$$

であることがただちにわかる．一般に，数列は極限をもつとは限らないが，上極限と下極限は必ず存在する．この事実は数列の収束を議論する際にしばしば役立つ．

次に，連続的に変化する量の上極限・下極限の概念を定義しよう．実数値関数 $f(x)$ の定義域内の点 a に対し，

$$\overline{\lim_{x\to a}}\, f(x) = \lim_{\delta\to 0} \sup_{0<|x-a|<\delta} f(x), \tag{3.12}$$

$$\underline{\lim_{x\to a}}\, f(x) = \lim_{\delta\to 0} \inf_{0<|x-a|<\delta} f(x) \tag{3.13}$$

と定め，これらをそれぞれ，関数 $f(x)$ の $x\to a$ における**上極限**および**下極限**と呼ぶ．容易にわかるように，

$$\overline{\lim_{x\to a}}\, f(x) = \beta$$

であれば，a に収束する点列 $\{x_k\}$ で $f(x_k)\to\beta$ $(k\to\infty)$ を満たすものが存在するが，点列 $x_k\to a$ をどのように選んでも $f(x_k)$ を β より大きな値に収束させることはできない．同様に，

$$\underline{\lim_{x\to a}}\, f(x) = \gamma$$

であれば，a に収束する点列 $\{x_k\}$ で $f(x_k)\to\gamma$ $(k\to\infty)$ を満たすものが存在するが，点列 $x_k\to a$ をどのように選んでも $f(x_k)$ を γ より小さな値に収束させることはできない．

次の命題は，命題 3.7 と同じく，容易に証明できる．

命題 3.8　実数値関数 $f(x)$ について以下が成立する．

$$\lim_{x\to a} f(x) = \alpha \iff \underline{\lim_{x\to a}}\, f(x) = \overline{\lim_{x\to a}}\, f(x) = \alpha, \tag{3.14}$$

$$\lim_{x\to a} f(x) = -\infty \iff \overline{\lim_{x\to a}}\, f(x) = -\infty, \tag{3.15}$$

$$\lim_{x\to a} f(x) = +\infty \iff \underline{\lim_{x\to a}}\, f(x) = +\infty\,. \tag{3.16}$$

□

(c)　コーシー列

実数列(または $\mathbb{R}^d$ 内の点列) $\{a_n\}_{n=1}^{\infty}$ が**コーシー列**(Cauchy sequence)であるとは，正の数 ε をどれだけ小さくとっても，十分大きな自然数 N を選べ

ば，$m,n \geqq N$ なるすべての自然数 m,n に対して

$$|a_m - a_n| < \varepsilon \tag{3.17}$$

が成り立つようにできることをいう．

命題 3.9　数列 $\{a_n\}_{n=1}^{\infty}$ に対し，ある実数 $0 \leqq \lambda < 1$ が存在して

$$|a_{n+1} - a_n| \leqq \lambda |a_n - a_{n-1}| \quad (n = 2, 3, 4, \cdots) \tag{3.18}$$

が成り立つなら，この数列はコーシー列である．

［証明］　$c = |a_2 - a_1|$ とおくと，仮定から

$$|a_{n+1} - a_n| \leqq c\lambda^{n-1}$$

が成り立つ．よって自然数 $m \leqq n$ に対して

$$\begin{aligned} |a_m - a_n| &\leqq |a_m - a_{m+1}| + |a_{m+1} - a_{m+2}| + \cdots + |a_{n-1} - a_n| \\ &\leqq c\lambda^{m-1} + c\lambda^m + c\lambda^{m+1} + \cdots + c\lambda^{n-2} \\ &\leqq \frac{c\lambda^{m-1}}{1-\lambda}. \end{aligned}$$

同様に $m \geqq n$ のときは

$$|a_m - a_n| \leqq \frac{c\lambda^{n-1}}{1-\lambda}.$$

これより，$m,n \to \infty$ のとき $|a_m - a_n| \to 0$ が成り立ち，$\{a_n\}$ がコーシー列であることがわかる．　■

次の定理は，数列の収束理論で最も重要なものであり，『微分と積分 1』では証明なしに与えられた．ここでは上極限・下極限の概念を用いてこれを証明しよう．

定理 3.10（コーシーの判定条件）　実数列(または $\mathbb{R}^d$ 内の点列) $\{a_n\}_{n=1}^{\infty}$ が収束するための必要十分条件は，これがコーシー列になることである．

［証明］　初めに，$\{a_n\}$ が実数列である場合について証明する．まず，$\{a_n\}$ が収束するとして，その極限値を α とおく．すると任意の $\varepsilon > 0$ に対し，番号 N を十分大きくとると

$$|a_n - \alpha| < \frac{\varepsilon}{2} \quad (n \geqq N)$$

が成り立つ．よって $n,m \geqq N$ のとき

$$|a_n - a_m| \leqq |a_n - \alpha| + |\alpha - a_m| < \frac{\varepsilon}{2} + \frac{\varepsilon}{2} = \varepsilon$$

が成り立つので $\{a_n\}$ はコーシー列である．

逆に $\{a_n\}$ がコーシー列であると仮定する．すると任意の $\varepsilon > 0$ に対し，番号 N を十分大きくとると，$m, n \geqq N$ なるすべての m, n に対して(3.17)が成立する．ここでとくに $m = N$ とおけば

$$a_N - \varepsilon < a_n < a_N + \varepsilon \quad (n \geqq N)$$

が成り立つ．これより数列 $\{a_n\}$ が有界であること，および

$$a_N - \varepsilon \leqq \varliminf_{n \to \infty} a_n \leqq \varlimsup_{n \to \infty} a_n \leqq a_N + \varepsilon \quad (n \geqq N)$$

となることがわかる．よって

$$\varlimsup_{n \to \infty} a_n - \varliminf_{n \to \infty} a_n \leqq 2\varepsilon .$$

ε はいくらでも小さくできるから，

$$\varlimsup_{n \to \infty} a_n = \varliminf_{n \to \infty} a_n .$$

命題3.7より数列 $\{a_n\}$ は収束する．

次に，$\{a_n\}$ が d 次元空間 $\mathbb{R}^d$ 内の点列である場合を考える．このときは，命題3.4より，$\{a_n\}$ が収束点列であることと，a_n の d 個の成分が各々収束数列であることとは同値である．また，$\{a_n\}$ がコーシー列であることと，a_n の d 個の成分が各々コーシー列をなすこととが同値であることも，(3.1)から確かめられる．よって各成分ごとに考えれば，先ほど議論した実数列の場合に帰着する．∎

任意のコーシー列が収束するという上の結果は，実数という数の世界の際立った特徴を表している．このような性質を実数の**完備性**(completeness)という．完備性は，数直線が途切れのない連続体であるという事実を別の言葉で表現したものであり，極限や収束を論じる上できわめて重要な役割を演じる．なお，『微分と積分1』でも触れたように，有理数全体の集合は完備ではない．例えば

$$a_1 = 1, \quad a_{n+1} = 1 + \frac{1}{a_n} \quad (n = 1, 2, 3, \cdots) \tag{3.19}$$

で定まる有理数列はコーシー列であるが，有理数の世界の中ではいかなる値にも収束しない．(一方，実数の世界では，$(1+\sqrt{5})/2$ という値に収束する．)

連続体としての実数の本質が詳しく理解されるようになったのは，19 世紀後半のことである．実数を特徴付ける性質には，完備性の他に，単調数列の収束，上限の存在など，さまざまなものがあり，互いに密接に関連している．これらの関係については実数論に関する成書を参照せよ．また，実数の完備性を一般化した距離空間の完備性の概念については，付録 B で論じる．

(d)　2 重数列

2 つの添字を持つ数列

$$a_{mn} \quad (m = 1, 2, 3, \cdots;\ n = 1, 2, 3, \cdots)$$

を **2 重数列**(double sequence)という．2 重数列 $\{a_{mn}\}$ が $m, n \to \infty$ のとき α に**収束する**とは，正の数 ε をどれだけ小さくとっても，十分大きな自然数 N を選べば，$m, n \geqq N$ なるすべての自然数 m, n に対して

$$|a_{mn} - \alpha| < \varepsilon$$

が成り立つようにできることをいう．この α を 2 重数列の**極限**あるいは**極限値**と呼び，

$$\lim_{m,n\to\infty} a_{mn}, \quad \lim_{\substack{m\to\infty \\ n\to\infty}} a_{mn} \tag{3.20}$$

などの記号で表す．なお，上の意味での極限と，次の**累次極限**

$$\lim_{m\to\infty} \lim_{n\to\infty} a_{mn} \ \left(= \lim_{m\to\infty} \left(\lim_{n\to\infty} a_{mn}\right)\right), \tag{3.21}$$

$$\lim_{n\to\infty} \lim_{m\to\infty} a_{mn} \ \left(= \lim_{n\to\infty} \left(\lim_{m\to\infty} a_{mn}\right)\right) \tag{3.22}$$

は区別する必要がある．

例 3.11　$a_{mn} = e^{-n/m}$ のとき，

$$\lim_{m\to\infty} \lim_{n\to\infty} a_{mn} = 1, \quad \lim_{n\to\infty} \lim_{m\to\infty} a_{mn} = 0$$

であるが，$\lim_{m,n\to\infty} a_{mn}$ は存在しない． □

例 3.12　$a_{mn} = \dfrac{(-1)^n}{m} + \dfrac{(-1)^m}{n}$ のとき，

$$\lim_{m,n\to\infty} a_{mn} = 0$$

であるが，m を有限値に固定して $n\to\infty$ としても，あるいは n を有限値に固定して $m\to\infty$ としても a_{mn} は振動するから，累次極限 $\lim_{m\to\infty}\lim_{n\to\infty} a_{mn}$ および $\lim_{n\to\infty}\lim_{m\to\infty} a_{mn}$ は存在しない． □

例 3.13　数列 $\{a_n\}_{n=1}^{\infty}$ がコーシー列であることと

$$\lim_{m,n\to\infty} |a_m - a_n| = 0$$

が成り立つことは同値である． □

注意 3.14　2重数列 $\{a_{mn}\}$ が α に収束し，かつ各 m を固定するごとに $\lim_{n\to\infty} a_{mn}$ が存在すれば，以下が成り立つ．

$$\lim_{m\to\infty}\lim_{n\to\infty} a_{mn} = \lim_{m,n\to\infty} a_{mn} \quad (=\alpha).$$

なぜなら，任意の正の数 ε に対し，十分大きな自然数 N を選ぶと

$$|a_{mn}-\alpha| < \varepsilon \quad (m,n \geqq N)$$

が成り立つ．ここで $n\to\infty$ とすれば

$$|\lim_{n\to\infty} a_{mn}-\alpha| \leqq \varepsilon \quad (m \geqq N)$$

となるから，累次極限 $\lim_{m\to\infty}\lim_{n\to\infty} a_{mn}$ が存在してその値が α に等しいことがわかる．m,n の立場を逆にしても同様の結果が成り立つことは明らかである．

問 3　$a_{mn} = mn/(m^2+n^2)$ のとき，$\lim_{m\to\infty}\lim_{n\to\infty} a_{mn} = \lim_{n\to\infty}\lim_{m\to\infty} a_{mn} = 0$ であるが，$\lim_{m,n\to\infty} a_{mn}$ は存在しないことを示せ．

(e)　関数の連続性・半連続性

空間 $\mathbb{R}^n$ 内の領域(または一般の部分集合) D の上で定義された関数 $f(x)$ が点 $x=a$ において**連続**(continuous)であるとは，

$$\lim_{x\to a} f(x) = f(a)$$

が成り立つことをいう．ここで，上記の極限をとる際に変数 x が動く範囲は D 内に制限されていることはいうまでもない．したがって，正確には

$$\lim_{\substack{x \in D \\ x \to a}} f(x) = f(a)$$

と書くべきであるが，誤解の恐れがなければ，はじめの簡便な表記で十分であろう．なお，上の連続性の定義は次のように言いかえることができる．

“どれだけ小さな正の数 ε に対しても，正の数 δ を十分小さく選べば

$$x \in D,\ |x-a| < \delta \quad \Longrightarrow \quad |f(x)-f(a)| < \varepsilon$$

が成り立つ．”

関数 $f(x)$ が D のすべての点において連続であるとき，$f(x)$ は D で連続であるという．

次に，実数値関数 $f(x)$ が点 $x=a$ で**上(に)半連続**(upper semicontinuous)であるとは，

$$\overline{\lim_{x \to a}}\, f(x) \leqq f(a)$$

が成り立つことをいい，**下(に)半連続**(lower semicontinuous)であるとは，

$$\underline{\lim_{x \to a}}\, f(x) \geqq f(a)$$

が成り立つことをいう．また，$f(x)$ が D のすべての点において上半連続(あるいは下半連続)であるとき，$f(x)$ は D で上半連続(あるいは下半連続)であるという．命題 3.8 から容易にわかるように，$f(x)$ が $x=a$ で連続であることと，$x=a$ で上にも下にも半連続であることとは同値である．なお，半連続性の概念と，$\mathbb{R}$ 上で定義された関数に対する右連続・左連続の概念を混同しないように注意しよう．

例 3.15　$\mathbb{R}$ 上の関数 $f(x)$ を，$f(0)=1$, $f(x)=0$ $(x \neq 0)$ で定めると，$f(x)$ は上に半連続である．　□

問 4　領域 D で定義された下半連続関数の列 $f_1, f_2, f_3, \cdots$ に対し，

$$\sup_{k \geqq 1} f_k(x) < \infty \quad (x \in D)$$

が成り立つとする．このとき $f(x) = \sup_{k \geqq 1} f_k(x)$ は下半連続であることを示せ．

連続性に関わる重要な概念をもう 1 つ述べよう．関数 $f(x)$ が D で**一様連**

続(uniformly continuous)であるとは，どれだけ小さな正の数εに対しても，正の数δを十分小さく選べば，

$$x, y \in D,\ |x-y| < \delta \quad \Longrightarrow \quad |f(x)-f(y)| < \varepsilon$$

が成り立つことをいう．一様連続な関数はもちろん連続である．また，『微分と積分2』の定理2.37で示されているように，Dが有界閉集合ならばD上の連続関数は必ず一様連続になる．本書では，付録Bで，この定理をもっと一般の距離空間の枠組みの中で再証明する．

問5　$f(x) = \cos(x^2)$は$-\infty < x < \infty$の範囲で連続であるが，一様連続ではないことを示せ．

§3.2　無限級数

(a)　級数の収束

『微分と積分1』で学んだように，無限級数

$$\sum_{n=1}^{\infty} a_n = a_1 + a_2 + a_3 + \cdots \tag{3.23}$$

が**収束する**あるいは**和をもつ**とは，部分和

$$s_N = \sum_{n=1}^{N} a_n$$

のなす数列$s_1, s_2, s_3, \cdots$が収束することをいい，極限値

$$s = \lim_{N\to\infty} s_N$$

をこの級数の**和**(sum)と呼ぶ．級数(3.23)の和がsであることを

$$s = a_1 + a_2 + a_3 + \cdots$$

などと表す．

命題3.16　級数(3.23)が和をもてば，$\lim_{n\to\infty} a_n = 0$．

［証明］　$a_n = s_n - s_{n-1}$であり，$n\to\infty$のときs_nもs_{n-1}も同一の値に収束するから，$a_n \to 0\ (n\to\infty)$．∎

収束しない級数は**発散する**あるいは**和をもたない**という．とくに$\{s_N\}$が

$+\infty$ や $-\infty$ に発散する場合は，以下のように書く．

$$a_1+a_2+a_3+\cdots=+\infty \quad (\text{または単に}=\infty), \tag{3.24}$$
$$a_1+a_2+a_3+\cdots=-\infty.$$

定理 3.17（コーシーの判定条件）　級数(3.23)が和をもつための必要十分条件は，正の数 ε をどれだけ小さくとっても，番号 N を十分大きく選べば，

$$|a_{n+1}+a_{n+2}+\cdots+a_m|<\varepsilon \tag{3.25}$$

が任意の $m \geqq n \geqq N$ に対して成り立つようにできることである．

［証明］　第 n 部分和を s_n とおくと，(3.25)は

$$|s_m-s_n|<\varepsilon$$

と書ける．よって上に掲げた条件は，数列 $\{s_n\}$ がコーシー列をなすことと同値である．定理 3.10 よりこれは数列 $\{s_n\}$ が収束することと同値である．∎

(b)　絶対収束

級数 $a_1+a_2+a_3+\cdots$ の各項が $a_n \geqq 0$ を満たすとき，これを**正項級数**(positive term series)と呼ぶ．正項級数の部分和のなす数列 $s_1, s_2, s_3, \cdots$ は単調増大列だから，これは有限の値に収束するか，または $+\infty$ に発散する．前者の場合を

$$a_1+a_2+a_3+\cdots<\infty$$

と表す．むろん，このとき上の級数は和をもつ．

さて，一般の級数 $a_1+a_2+a_3+\cdots$ が

$$|a_1|+|a_2|+|a_3|+\cdots<\infty$$

を満たすとき，この級数は**絶対収束**(absolutely converge)するという．絶対収束する級数は和をもつ．なぜなら

$$s_n=a_1+a_2+\cdots+a_n, \quad \widetilde{s}_n=|a_1|+|a_2|+\cdots+|a_n|$$

とおくと，自然数 $m \geqq n$ に対して

$$|s_m-s_n|=|a_{n+1}+\cdots+a_m| \leqq |a_{n+1}|+\cdots+|a_m|=\widetilde{s}_m-\widetilde{s}_n$$

となるから，数列 $\{\widetilde{s}_n\}$ の収束性より数列 $\{s_n\}$ がコーシー列であることが導かれるからである．

定理 3.18（ディリクレの定理）　絶対収束する級数は，項の順序をどのよ

うに入れ替えても同じ値に収束する．

［証明］　級数 $a_1+a_2+a_3+\cdots$ を絶対収束する級数とし，その和を α とおく．いま，自然数の順序を任意に入れ替えたものを $n_1, n_2, n_3, \cdots$ とし，$b_k = a_{n_k}$ $(k=1,2,3,\cdots)$ とおくと，級数 $b_1+b_2+b_3+\cdots$ はもとの級数の項の順序を任意に入れ替えて得られる級数である．級数 $a_1+a_2+a_3+\cdots$ が絶対収束することから，どれだけ小さな ε に対しても，自然数 N を十分大きくとると

$$\sum_{n=N}^{\infty}|a_n| < \varepsilon$$

が成り立つ．このような N を1つ固定し，

$$A = \{k \in \mathbb{N} \mid n_k \leqq N\}, \quad K_0 = \max A$$

とおくと，$K \geqq K_0$ のとき

$$\begin{aligned}
\left|\sum_{k=1}^{K} b_k - \alpha\right| &\leqq \left|\sum_{k\in A} b_k - \alpha\right| + \left|\sum_{k\in\{1,\cdots,K\}\setminus A} b_k\right| = \left|\sum_{n=1}^{N} a_n - \alpha\right| + \left|\sum_{k\in\{1,\cdots,K\}\setminus A} b_k\right| \\
&\leqq \sum_{n=N+1}^{\infty}|a_n| + \sum_{k\in\{1,\cdots,K\}\setminus A}|b_k| = \sum_{n=N+1}^{\infty}|a_n| + \sum_{k\in\{1,\cdots,K\}\setminus A}|a_{n_k}| \\
&\leqq 2\sum_{n=N+1}^{\infty}|a_n| < 2\varepsilon\,.
\end{aligned}$$

2ε はいくらでも小さくとれるから，級数 $\sum b_k$ は収束し，和は α に等しい．∎

(c)　条件収束

収束するが絶対収束しない無限級数は**条件収束**(conditionally converge)するという．級数 $\sum_{n=1}^{\infty} a_n$ が条件収束するとき，$\{a_n\}$ の中から正の項だけを取り出して順に並べてできる級数を $\sum_{n=1}^{\infty} b_n$ とし，負の項だけを取り出して順に並べてできる級数を $\sum_{n=1}^{\infty} c_n$ とおくと，

$$\sum_{n=1}^{\infty} b_n = +\infty, \quad \sum_{n=1}^{\infty} c_n = -\infty \tag{3.26}$$

が成立する．なぜなら，もし $\sum_{n=1}^{\infty} b_n$ も $\sum_{n=1}^{\infty} c_n$ も有限の和をもつとすると，級数 $\sum_{n=1}^{\infty} a_n$ が絶対収束することになり，仮定に反する．また，一方だけが有限の和をもつとすると，$\sum_{n=1}^{\infty} a_n$ が $+\infty$ または $-\infty$ に発散することになり，こ

れも仮定に反するからである．

定理 3.19　級数 $\sum_{n=1}^{\infty} a_n$ が条件収束するとする．このとき，この級数の項を並べ替えてできる級数の和が，任意に与えられた実数に一致するようにできる．また，項の並べ替えによって，$+\infty$ や $-\infty$ に発散させることも，振動させることもできる．

［証明］　定理の後半は前半と同じ方法で議論できるから，前半だけを示す．α を勝手な実数とする．数列 $\{b_n\}$ と $\{c_n\}$ を(3.26)に現れる数列とし，自然数の列 $m_1 < m_2 < m_3 < \cdots$ と $n_1 < n_2 < n_3 < \cdots$ を以下の手順で定める．まず m_1, n_1 を次式で定義する．

$$m_1 = \min\left\{ m \in \mathbb{N} \,\middle|\, \sum_{j=1}^{m} b_j > \alpha \right\},$$

$$n_1 = \min\left\{ n \in \mathbb{N} \,\middle|\, \sum_{j=1}^{m_1} b_j + \sum_{j=1}^{n} c_j < \alpha \right\}.$$

次に，$m_1, m_2, \cdots, m_k$ および $n_1, n_2, \cdots, n_k$ までが定まったとして，m_{k+1}, n_{k+1} を次式で定める．

$$m_{k+1} = \min\left\{ m \in \mathbb{N} \,\middle|\, \sum_{j=1}^{m_k} b_j + \sum_{j=1}^{n_k} c_j + \sum_{j=m_k+1}^{m} b_j > \alpha \right\},$$

$$n_{k+1} = \min\left\{ n \in \mathbb{N} \,\middle|\, \sum_{j=1}^{m_{k+1}} b_j + \sum_{j=1}^{n_k} c_j + \sum_{j=n_k+1}^{n} c_j < \alpha \right\}.$$

こうして帰納的に自然数の列 $m_1 < m_2 < m_3 < \cdots$，$n_1 < n_2 < n_3 < \cdots$ が定まる．このとき級数

$$b_1 + \cdots + b_{m_1} + c_1 + \cdots + c_{n_1} + b_{m_1+1} + \cdots + b_{m_2} + c_{n_1+1} + \cdots$$

は元の級数 $\sum_{n=1}^{\infty} a_n$ の項を並べ替えた形になっており，その部分和は，α のまわりを振動する．より正確には，この級数の第 N 部分和を s_N とおくと，

$$\begin{aligned} & m_1 + n_1 + \cdots + m_j + n_j \leqq N < m_1 + n_1 + \cdots + m_{j+1} + n_{j+1} \\ & \qquad \Longrightarrow \quad \alpha + c_{n_j} \leqq s_N \leqq \alpha + b_{m_j+1} \end{aligned}$$

が成り立つ．しかるに $\sum_{n=1}^{\infty} a_n$ は収束級数ゆえ $b_n \to 0$，$c_n \to 0$ $(n \to \infty)$．よって上の級数は収束し，和は α に等しい．　∎

例 3.20　級数

$$1-\frac{1}{2}+\frac{1}{3}-\frac{1}{4}+\frac{1}{5}-\frac{1}{6}+\cdots$$

の和が $\log 2$ になることは『微分と積分 1』で学んだ．この級数の項の順序を，正の項が 2 つ続いた後に負の項が 1 つ入るように並べ替えると，

$$1+\frac{1}{3}-\frac{1}{2}+\frac{1}{5}+\frac{1}{7}-\frac{1}{4}+\cdots$$

となるが，この級数の和は $\frac{3}{2}\log 2$ になる．一般に，上の級数を正の項が p 個続いた後に負の項が q 個続くように並べ替えると，級数の和は

$$\log 2+\frac{1}{2}\log\frac{p}{q}$$

に等しくなる．これは次のようにして示される．まず，

$$1+\frac{1}{2}+\cdots+\frac{1}{n-1}=\log n+C+O(n^{-2})$$

であることに注意する．ここで C はオイラーの定数である(『微分と積分 1』演習問題 4.1 参照)．さて

$$A_n=1+\frac{1}{3}+\cdots+\frac{1}{2n-1},\quad B_n=\frac{1}{2}+\frac{1}{4}+\cdots+\frac{1}{2n}$$

とおくと，先ほどの式から，次の評価が導かれる．

$$A_n+B_n=\log 2n+C+O(n^{-2}),\quad 2B_n=\log n+C+O(n^{-2}).$$

これより

$$A_n=\log 2+\frac{1}{2}\log n+\frac{C}{2}+O(n^{-2}),\quad B_n=\frac{1}{2}\log n+\frac{C}{2}+O(n^{-2}).$$

よって，$k=1,2,3,\cdots$ に対し，

$$A_{kp}-B_{kq}=\log 2+\frac{1}{2}\log\frac{p}{q}+O(k^{-2})$$

が成り立つ．求める級数の和が $\lim_{k\to\infty}(A_{kp}-B_{kq})$ に等しいことは容易にわかるので，所期の結論が得られる．　□

無限級数をめぐる困惑

無限に連なる数を足し合わせるという発想は古代の求積法にさかのぼるが，18 世紀になると，人々は実にさまざまな無限級数を自由に扱うようになり，それによって数学の世界は一気に広がった．しかし一方で，当時の数学者たちは無限級数の収束について明確な概念を持っていなかったため，ときとして深刻な混乱に悩まされた．例えば無限級数

$$1-1+1-1+1-1+1-1+\cdots$$

は発散級数であり，したがって今日の数学では和を論じること自体が無意味とされているが，当時はこの和がいくらであるかが熱い論議の的となった．この級数を $(1-1)+(1-1)+(1-1)+\cdots$ というふうに括弧でくくると，和は 0 になり，$1+(-1+1)+(-1+1)+\cdots$ というふうに括弧でくくると，和は 1 になる．一方，上の級数の和を s とおくと，方程式

$$s-1=-1+1-1+1-1+1-\cdots=-s$$

が成り立つから，これを解いて $s=1/2$ が得られる．この値は，また，ベキ級数

$$\frac{1}{1+x}=1-x+x^2-x^3+x^4-x^5+\cdots$$

に $x=1$ を代入しても得られる．足し算の答が複数個あるというのは不可解であり，当時の人々はこの逆理をどう解決したらよいか悩んだ．

イタリアの数学者グランディは，$s=0$ も $s=1/2$ も同時に正しい答であると考え，この事実は世界が 0 から創造されることを証明するものだと説いた．一方，ライプニッツは，$s=1/2$ のみが上の級数の和を正しく表すと考えていた．ライプニッツはその理由を 1713 年の公開書簡の中で説明しているが，その論拠は通常の論理では理解しがたいものであった．ライプニッツは，数学には一般の論理で認められている以上の「形而上学的真理」が存在すると主張して自らの立場を擁護しようとした．

人々を悩ませた級数は，上の例以外にも数多い．例えばベキ級数

$$1+x+x^2+x^3+x^4+\cdots=\frac{1}{1-x}$$

に $x=1$ を代入すると

$$1+1+1+1+1+\cdots=\infty$$

となって辻褄が合うが，$x=2$ を代入すると「等式」

$$1+2+4+8+16+\cdots=-1$$

が得られる．この「等式」とその前式から，-1 は無限大より大きいという不思議な結論が導かれる．ある人たちは，この逆理を切り抜けるために，無限大より大きな負数と通常の負数は異なると解釈する立場をとった．オイラーは，負数にいくつもの種類があるという解釈に反対し，0 と同様に，∞ も正の数と負の数を分ける分岐点に位置すると考え，これにより上の「等式」が正当化できると主張した．

数列や級数の収束の概念を今日のような形に明確化したのはフランスの数学者コーシーである．1820 年代に彼は，今日‘コーシーの判定条件’と呼ばれている収束の判定基準(本章の定理 3.10 と定理 3.17 を参照)を確立し，発散する級数は無効であると初めて明確に断じた．当時 30 代の気鋭のコーシーが，パリの科学アカデミーの会議で級数の収束理論を発表すると，講演を聴いていた数学と天文学の大家ラプラスは急いで帰宅し，何日間も家に閉じ籠って自著『天体力学』で扱われている級数の収束性を調べたと伝えられる．

しかしそのコーシーですら，関数を項とする級数については多くの誤りを犯している．例えば彼は，連続関数の無限和がつねに連続関数になると主張した．このことは，関数列の一様収束の概念(§3.4 参照)と各点収束の概念が，コーシーの時代には依然未分化であったことを物語っている．

(d) 2 重級数

2 重の添字をもつ項からなる級数

$$\sum_{m,n=1}^{\infty} a_{mn} \tag{3.27}$$

を **2 重級数**(double series)と呼ぶ．2 重級数(3.27)が**収束する**あるいは**和をもつ**とは，部分和

$$s_{mn} = \sum_{k=1}^{m} \sum_{l=1}^{n} a_{kl}$$

のなす2重数列が収束することをいい，その極限を上の2重級数の**和**という．

2重級数 $\sum a_{kl}$ の各項が非負の実数であるとき，これを**正項2重級数**と呼ぶ．正項2重級数においては部分和 s_{mn} は m および n それぞれについて単調増大である．このことから，2重数列 $\{s_{mn}\}$ は有限の値に収束するか，または $+\infty$ に発散するかのいずれかであることがわかる．これらをそれぞれ

$$\sum_{m,n=1}^{\infty} a_{mn} < \infty, \qquad \sum_{m,n=1}^{\infty} a_{mn} = \infty$$

と表す．また s_{mn} の単調性から，累次極限 $\lim_{m\to\infty} \lim_{n\to\infty} s_{mn}$ および $\lim_{n\to\infty} \lim_{m\to\infty} s_{mn}$ が存在して $\lim_{m,n\to\infty} s_{mn}$ に等しいことも容易に証明できる．これより以下の等式が得られる．

$$\sum_{m=1}^{\infty} \sum_{n=1}^{\infty} a_{mn} = \sum_{n=1}^{\infty} \sum_{m=1}^{\infty} a_{mn} = \sum_{m,n=1}^{\infty} a_{mn}. \tag{3.28}$$

絶対収束の概念は2重級数にもそのまま拡張できる．2重級数 $\sum_{m,n=1}^{\infty} a_{mn}$ が**絶対収束**するとは，

$$\sum_{m,n=1}^{\infty} |a_{mn}| < \infty$$

が成り立つことをいう．

定理3.21　絶対収束する2重級数は，その項の順序をどのように入れ替えても，あるいはどのような順序で単一級数に書き下しても，つねに収束し，その和は等しい．　□

この定理の証明は定理3.18と同様の考え方でできるので省略する．定理3.21から次の系も容易に導かれる．

系3.22　級数 $\sum_{n=1}^{\infty} a_n$, $\sum_{n=1}^{\infty} b_n$ が絶対収束するならば，2重級数 $\sum_{m,n=1}^{\infty} a_m b_n$ も絶対収束し，以下が成り立つ．

$$\left(\sum_{m=1}^{\infty} a_m\right)\left(\sum_{n=1}^{\infty} b_n\right) = \sum_{m,n=1}^{\infty} a_m b_n. \tag{3.29}$$

□

(e)　無限乗積との関係

無限個の項を掛け合わせた形の式

$$\prod_{n=1}^{\infty} a_n$$

を**無限乗積**(infinite product)と呼ぶ．この無限乗積が**収束する**とは，部分積

$$p_n = a_1 \cdot a_2 \cdot a_3 \cdot \cdots \cdot a_n$$

が $n \to \infty$ のとき収束することをいう．

無限級数と無限乗積の関係を知っておくと便利なことが多い．次の定理は『微分と積分1』で既出であるが，重要であるのでここでも取り上げることにする．また，『微分と積分1』では触れられなかった応用についても述べる．

定理 3.23　$a_n \geqq 0$ $(n=1,2,3,\cdots)$ ならば，以下が成り立つ．

$$\sum_{n=1}^{\infty} a_n < \infty \iff \prod_{n=1}^{\infty} (1+a_n) < \infty. \tag{3.30}$$

また，$0 \leqq a_n < 1$ $(n=1,2,3,\cdots)$ ならば，以下が成り立つ．

$$\sum_{n=1}^{\infty} a_n < \infty \iff \prod_{n=1}^{\infty} (1-a_n) > 0. \tag{3.31}$$

[証明]

$$A = \sum_{n=1}^{\infty} a_n, \quad B = \prod_{n=1}^{\infty} (1+a_n), \quad C = \prod_{n=1}^{\infty} (1-a_n) > 0$$

とおく．まず(3.30)を示す．B を展開すると

$$B = 1+a_1+a_2+a_3+\cdots+a_1a_2+a_1a_3+\cdots+a_1a_2a_3+\cdots > A$$

となる．一方，関数 x と $\log(1+x)$ の間には $x > \log(1+x)$ $(x>0)$ なる関係があるから，

$$A = a_1+a_2+a_3+\cdots \geqq \log(1+a_1)+\log(1+a_2)+\cdots = \log B \tag{3.32}$$

が成り立つ．よって $B > A \geqq \log B$．これより(3.30)が従う．

次に(3.31)を示す．それには $B<\infty \iff C>0$ を示せばよい．

$$\frac{1}{1-a_n} = 1+a_n+a_n^2+a_n^3+\cdots \geqq 1+a_n$$

素数分布と無限級数

素数が無数に存在することは古代ギリシャの時代から知られていたが，18 世紀になってオイラー(L. Euler)は，素数分布の問題を，無限級数や無限乗積というまったく新しい道具立てを用いて考察した.

素数を小さいものから順に並べてできる数列を $\{p_k\}$ とする．とりあえず，素数が無限個あるのか有限個しかないのかは未知であるとしよう．次の積を考える.

$$\prod_k \left(1-\frac{1}{p_k}\right)^{-1} = \left(1+\frac{1}{p_1}+\frac{1}{p_1^2}+\cdots\right)\left(1+\frac{1}{p_2}+\frac{1}{p_2^2}+\cdots\right)\cdots.$$

上式を展開すると，

$$\sum_{k_1,k_2,k_3,\cdots=0}^{\infty} \frac{1}{p_1^{k_1}p_2^{k_2}p_3^{k_3}\cdots}$$

と変形できるが，任意の自然数は素数の積にただ 1 通りに分解できるから，上の級数は次の級数の項を並べ替えたものに他ならない.

$$\frac{1}{1}+\frac{1}{2}+\frac{1}{3}+\cdots+\frac{1}{n}+\cdots.$$

この級数は ∞ に発散するから，上の級数も ∞ に発散する(定理 3.18)．よって

$$\prod_k \left(1-\frac{1}{p_k}\right)^{-1} = \infty.$$

すなわち

$$\prod_k \left(1-\frac{1}{p_k}\right) = 0.$$

これと定理 3.23 より，

$$\frac{1}{p_1}+\frac{1}{p_2}+\frac{1}{p_3}+\cdots = \infty$$

を得る．これよりただちに，素数が無数に存在することがわかるが，上式はそれにとどまらず，素数が自然数全体の中に比較的密に分布していることを物語っている．なぜなら，たとえ無限個の項を含む数列であっても，比較的まばらに分布するもの，例えば，$b_k=2^k$ や $b_k=k^s$ (ただし s は 1 より大きな実数)などの場合は $\sum 1/b_k<\infty$ となるのは周知の通りであり，

$\sum 1/p_k=\infty$ となるためには，数列 $\{p_k\}$ の項と項との間隔が開きすぎてはいけないからである．

だから $C^{-1}\geqq B$. これより $C>0 \Longrightarrow B<\infty$. 逆に $B<\infty$ とすると，$A<\infty$ ゆえ，$a_n\to 0$ $(n\to\infty)$. よってある番号 N から先の n に対して $a_n\leqq 1/2$ が成り立つ．したがって

$$1+a_n=\frac{1-a_n^2}{1-a_n}\geqq\frac{3}{4(1-a_n)}.$$

これと $B<\infty$ より $C^{-1}<\infty$ が成り立つ．ゆえに $C>0$. ∎

上の定理の応用として次の命題を導こう．

命題 3.24　正項級数 $\sum_{n=1}^{\infty}a_n$ の第 n 部分和を s_n とおくと，

$$\sum_{n=1}^{\infty}a_n=\infty \quad\Longleftrightarrow\quad \sum_{n=1}^{\infty}\frac{a_n}{s_n}=\infty$$

が成り立つ．ただし $a_1>0$ とする．

［証明］　$n\geqq 2$ のとき $0\leqq a_n/s_n<1$ だから，定理 3.23 より，

$$\sum_{n=2}^{\infty}\frac{a_n}{s_n}=\infty \quad\Longleftrightarrow\quad \prod_{n=2}^{\infty}\left(1-\frac{a_n}{s_n}\right)=0\,.$$

しかるに

$$\prod_{n=2}^{\infty}\left(1-\frac{a_n}{s_n}\right)=\prod_{n=2}^{\infty}\frac{s_{n-1}}{s_n}=\lim_{n\to\infty}\frac{s_1}{s_n}$$

だから，この値が 0 であることと $\lim_{n\to\infty}s_n=\infty$ は同値である． ∎

例 3.25　級数 $1+1+1+1+\cdots$ は発散する．よって命題 3.24 より，級数 $1+1/2+1/3+\cdots+1/n+\cdots$ も発散する． □

問 6　級数 $1+1/2+1/3+1/4+\cdots$ が発散することを既知として，級数 $1/(2\log 2)+1/(3\log 3)+\cdots+1/(n\log n)+\cdots$ が発散することを示せ．

§3.3　ボルツァーノ–ワイエルシュトラスの定理

ボルツァーノ–ワイエルシュトラス(Bolzano-Weierstrass)の定理は，連続体としての実数の性質に深く関わった定理で，応用範囲は幅広い．本シリーズ『微分と積分 2』ですでに簡単に触れられているが，本書では，本節と付録Aで，この定理のもつ意味やその応用について解説することにする．

(a)　開集合・閉集合

A を $\mathbb{R}^n$ 内の点集合とする．A の点 x で，適当に正の数 δ を選ぶと $B_\delta(x) \subset A$ が成り立つようにできるものを A の**内点**(inner point)という．ここで

$$B_\delta(x) = \{y \in \mathbb{R}^n \mid |y-x| < \delta\}$$

である(図3.1)．A の内点全体の集合を A の**内部**(interior)と呼ぶ．点 $x \in \mathbb{R}^n$ が A の**境界点**(boundary point)であるとは，任意の $\delta > 0$ に対して

$$B_\delta(x) \cap A \neq \varnothing, \quad B_\delta(x) \cap (\mathbb{R}^n \setminus A) \neq \varnothing$$

が成り立つことをいう(図3.1)．

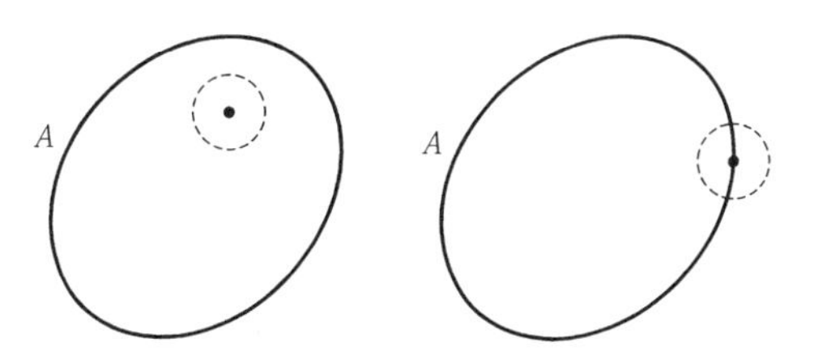

図3.1　内点と境界点

A の境界点全体の集合を A の**境界**(boundary)と呼び，記号 ∂A で表す．境界点の定義は A およびその補集合 $\mathbb{R}^n \setminus A$ について対称であるから，

$$\partial A = \partial(\mathbb{R}^n \setminus A) \tag{3.33}$$

が成り立つのは明らかである．

点集合 A にその境界を付け加えた集合を A の**閉包**(closure)と呼び，記号 $\overline{A}$ で表す．すなわち

$$\overline{A} = A \cup \partial A.$$

$\overline{A}$ に属する点を A の**触点**(adherent point)という．定義から明らかなように，点 x が $\overline{A}$ に属するための必要十分条件は，任意の $\delta>0$ に対して

$$B_\delta(x) \cap A \neq \emptyset \tag{3.34}$$

が成り立つことである．このことから，次の命題が導かれる．

命題 3.26　点 x が点集合 A の閉包に属するための必要十分条件は，A 内の点列 $\{y_k\}$ で x に収束するものが存在することである．

[証明]　$x \in \overline{A}$ であれば，各自然数 k に対して $B_{1/k}(x) \cap A$ に属する点が存在する．その1つを y_k とおけば，点列 $\{y_k\}$ が x に収束するのは明らかである．逆に，このような点列 $\{y_k\}$ が存在すれば(3.34)が成り立つことも明らかである． ∎

同じようにして次の命題も容易に示すことができる．

命題 3.27　点 x が点集合 A の境界点であるための必要十分条件は，A 内の点列 $\{y_k\}$ および補集合 A^c 内の点列 $\{z_k\}$ で $y_k \to x$，$z_k \to x$ $(k \to \infty)$ を満たすものが存在することである． □

注意 3.28　触点と本節(b)で述べる集積点を混同してはならない．命題 3.26 に現れる点列 $\{y_k\}$ で，とくに $y_k \neq x$ $(k=1,2,3,\cdots)$ となるものがとれるとき，x を集積点と呼ぶ．点集合 A に属する点はすべて A の触点であるが，集積点であるとは限らない(例 3.38 参照)．

例 3.29　数直線 $\mathbb{R}$ 上の区間 $I_1=[0,1]$，$I_2=[0,1)$，$I_3=(0,1)$ のいずれの場合も，内部は開区間 $(0,1)$，境界は 2 点 $\{0,1\}$，閉包は閉区間 $[0,1]$ になる． □

例 3.30　平面 $\mathbb{R}^2$ 内の円領域 $|x|<R$ の場合，内部はこの領域それ自身，境界は円周 $|x|=R$，閉包は $|x| \leqq R$ となる． □

例 3.31　有理数の全体 $\mathbb{Q}$ は数直線 $\mathbb{R}$ 上の点集合をなす．いかなる実数も有理数列の極限として表されるから，$\overline{\mathbb{Q}}=\mathbb{R}$ が成り立つ．このように点集合 A の閉包が全体集合 X に一致するとき，A は X において**稠密**(ちゅうみつ)(dense)であるという．無理数の全体も数直線上に稠密に分布する． □

さて，点集合 A のすべての点が A の内点になっているとき，A は**開集合**(open set)であるという．容易にわかるように，A の点は内点でなければ境界点であるから，以下の命題が成り立つ．

命題 3.32 $\mathbb{R}^n$ 内の点集合 A についての次の 2 条件は同値である．

(a) A は開集合である．

(b) $A \cap \partial A = \emptyset$ が成り立つ． □

点集合 A が**閉集合**(closed set)であるとは，A の中の任意の収束点列の極限点が必ず A に含まれることをいう．

定義から，全空間 $\mathbb{R}^n$ は開集合かつ閉集合である．なお，空集合も開集合かつ閉集合であると取り決めておく．

命題 3.33 $\mathbb{R}^n$ 内の点集合 A についての次の 3 条件は同値である．

(a) A は閉集合である．

(b) $\partial A \subset A$ が成り立つ．

(c) $\overline{A} = A$ が成り立つ．

［証明］ 閉集合の定義と命題 3.26 より，

$$\text{(a)} \iff \overline{A} \subset A$$

が成り立つ．しかるに $\overline{A} = A \cup \partial A$ であるから，

$$\overline{A} \subset A \iff \text{(b)} \iff \text{(c)}$$

となる．よって(a),(b),(c)は同値である． ∎

命題 3.34 任意の点集合 A の境界 ∂A および閉包 $\overline{A}$ はいずれも閉集合である．

［証明］ まず ∂A が閉集合であることを示す．∂A 上の点列 $\{x_m\}$ が $\mathbb{R}^n$ 内の点 z に収束したとする．任意の $\delta > 0$ に対し，n 次元球 $B_\delta(z)$ は，ある番号から先の x_m をすべて含む．いま，このような x_m を 1 つ固定し，正の数 ρ を $B_\rho(x_m) \subset B_\delta(z)$ が成り立つように選ぶ．すると x_m が A の境界点であることから

$$B_\rho(x_m) \cap A \neq \emptyset, \quad B_\rho(x_m) \cap (\mathbb{R}^n \setminus A) \neq \emptyset$$

となる．したがって

$$B_\delta(z) \cap A \neq \emptyset, \quad B_\delta(z) \cap (\mathbb{R}^n \setminus A) \neq \emptyset$$

が成り立つ．正の数δはいくらでも小さくとれるから，zはAの境界点である．すなわち$z\in\overline{A}$．よって∂Aは閉集合である．

閉包$\overline{A}$が閉集合であることは，性質(3.34)を用いて，上と同様の方法で証明できる．■

次の命題は基本的である．

命題 3.35　点集合Aが開集合であるための必要十分条件は，$\mathbb{R}^n\setminus A$が閉集合になることである．

［証明］　命題3.32および等式$\partial A=\partial(\mathbb{R}^n\setminus A)$より，

$$\begin{aligned} A\text{が開集合} &\iff A\cap\partial A=\emptyset \\ &\iff \partial A\subset\mathbb{R}^n\setminus A \\ &\iff \partial(\mathbb{R}^n\setminus A)\subset\mathbb{R}^n\setminus A. \end{aligned}$$

命題3.33より，上式は$\mathbb{R}^n\setminus A$が閉集合であることと同値である．■

次の事実も重要である．

命題 3.36

(i)　有限個の開集合の共通部分は開集合である．

(ii)　有限個または無限個の開集合の合併は開集合である．

［証明］　(i) $A_1, A_2, \cdots, A_m$を有限個の開集合とし，

$$A=A_1\cap A_2\cap\cdots\cap A_m$$

とおく．xをAの任意の点とすると，$x\in A_k$ $(k=1,\cdots,m)$だから，

$$B_{\delta_k}(x)\subset A_k \quad (k=1,\cdots,m)$$

が成り立つような正の数$\delta_1,\cdots,\delta_m$が存在する．$\delta=\min\{\delta_1,\cdots,\delta_m\}$とおくと，

$$B_\delta(x)\subset A_k \quad (k=1,\cdots,m)$$

となるから，

$$B_\delta(x)\subset\bigcap_{k=1}^{m}A_k=A.$$

よってxはAの内点である．これよりAは開集合であることがわかる．

次に，$\{A_\lambda\}_{\lambda\in\Lambda}$を有限個または無限個の開集合の族とし，

$$A=\bigcup_{\lambda\in\Lambda}A_\lambda$$

とおく．x を A の任意の点とすると，ある λ に対して $x \in A_\lambda$ となる．A_λ は開集合だから，$\delta > 0$ を十分小さくとると

$$B_\delta(x) \subset A_\lambda$$

が成り立つ．よって $B_\delta(x) \subset A$．これより A は開集合であることがわかる．∎

命題 3.37

(i) 有限個の閉集合の合併は閉集合である．

(ii) 有限個または無限個の閉集合の共通部分は閉集合である．

[証明] まず(i)を示す．$F_1, \cdots, F_m$ を有限個の閉集合とし，

$$F = F_1 \cup F_2 \cup \cdots \cup F_m$$

とおく．F および $F_1, \cdots, F_m$ の $\mathbb{R}^n$ における補集合をそれぞれ $G, G_1, \cdots, G_m$ とおくと，$G_1, \cdots, G_m$ はいずれも開集合であり，ド・モルガンの公式より

$$G = G_1 \cap G_2 \cap \cdots \cap G_m$$

が成り立つ．よって，命題 3.36(i)より G は開集合．これと命題 3.35 から，F が閉集合であることがわかる．

(ii)の証明も，命題 3.36(ii)を用いて同じように行なえる．∎

(b) ボルツァーノ-ワイエルシュトラスの定理

A を $\mathbb{R}^n$ 内の点集合とする．点 $x \in \mathbb{R}^n$ が A の**集積点**(accumulation point)であるとは，どれだけ小さな正の数 δ をとっても，$B_\delta(x) \cap A$ が無限集合になることをいう．容易にわかるように，x が A の集積点であることと，A の点からなる列 $\{x_m\}_{m=1}^{\infty}$ で

$$x_m \neq x \ (m = 1, 2, 3, \cdots), \quad x_m \to x \ (m = 1, 2, 3, \cdots)$$

を満たすものが存在することは同値である．

例 3.38 数直線 $\mathbb{R}$ 上に分布する整数の全体 $\mathbb{Z}$ は無限集合であるが，集積点をもたない．これに対し，有理数の全体 $\mathbb{Q}$ の場合，$\mathbb{R}$ のすべての点が集積点である．無理数の全体 $\mathbb{R} \backslash \mathbb{Q}$ についても同様である．□

例 3.39 複素平面 $\mathbb{C}$ 内の点列 $r^m e^{im\theta}$ $(m = 1, 2, 3, \cdots)$ が形成する点集合について以下が成り立つ．

（1） $r>1$ のとき，集積点は存在しない(数列は無限遠点に遠ざかる)．

（2） $r=1$ であって θ/π が有理数なら，集積点は存在しない(数列は有限個の点の上を周期的に移動する)．

（3） $r=1$ であって θ/π が無理数なら，集積点の全体は単位円 $|z|=1$ に一致する(数列は単位円の上に稠密に分布する)．

（4） $0<r<1$ のとき，集積点は0のみである(数列は0に収束する)．

なお，$\mathbb{C}$ に無限円点 ∞ を付加した複素数球面(本シリーズ『複素関数入門』参照)の中で上の数列を考えれば，(1)の場合の集積点は ∞ になる． □

問7　点 x が集合 A の集積点であることと，$x\in\overline{A\backslash\{x\}}$ となることが同値であることを示せ．

さて，本節の主題であるボルツァーノ–ワイエルシュトラス(Bolzano-Weierstrass)の定理を述べよう．

定理3.40（ボルツァーノ–ワイエルシュトラスの定理）　空間 $\mathbb{R}^n$ 内の有界な点集合が無限個の点を含むならば，必ずその集積点が存在する．

［証明］　この定理の証明は『微分と積分2』の定理2.15と定理2.34で与えられているが，その重要性に鑑み，あらためて証明の概略を示す．まず，この点集合を A とおく．A を内部に含み，n 次元立方体 E を考え，その辺の長さを h とする．E の各辺を2等分すると，E は 2^n 個の1辺 $h/2$ の立方体に分割される．この中に A の点を無限個含むものが少なくとも1つ存在する．それを E_1 とおく．E_1 をふたたび 2^n 個の1辺 $h/4$ の立方体に分割すると，この中に A の点を無限個含むものが存在する．その1つを E_2 とおく．同様の操作を繰り返すと，立方体の列

$$E_1\supset E_2\supset E_3\supset\cdots$$

が得られる．E_k の最長対角線の長さは $\sqrt{n}\,h/2^n$ である．さて，各 E_k から適当に1点 x_k を選ぶと，$x_l\in E_k$ $(l\geqq k)$ ゆえ，

$$|x_k-x_l|\leqq\sqrt{n}\,h/2^n\,.$$

よって $x_1,x_2,x_3,\cdots$ はコーシー列である．その極限点を x_∞ とおく．すると

x_∞ を中心とするどのように小さな球の中にも，ある番号から先の E_k が含まれる．よって x_∞ は A の集積点である．∎

系 3.41　K を $\mathbb{R}^n$ 内の有界閉集合とし，$\{x_m\}_{m=1}^\infty$ を K に含まれる点列とすると，$\{x_m\}_{m=1}^\infty$ の部分列で K の点に収束するものが存在する．

［証明］　点列 $\{x_m\}$ の中に同じ点が無限回繰り返して現れるならば，同一の点からなる部分列がとれる．これは，もちろん収束列である．

次に，同じ点が無限回繰り返して現れない場合を考える．このときはこの点列が形成する点集合は無限集合になる．また，K が有界であることからこの点集合も有界である．よって定理 3.40 より集積点が存在する．y を集積点の 1 つとすると，この点集合に含まれる点列で y に収束するものが存在するが，これは，とりもなおさず，$\{x_m\}$ の部分列で y に収束するものが存在することを意味する．また，K は閉集合であるから，y は K に属する．∎

次に示すのは，ボルツァーノ–ワイエルシュトラスの定理の重要な応用の一例である．

定理 3.42（最大値・最小値の存在）　K を $\mathbb{R}^n$ 内の有界閉集合とすると，K 上の任意の上半連続関数は最大値をもつ．また，K 上の任意の下半連続関数は最小値をもつ．□

上の定理は，関数 $f(x)$ が連続である場合は『微分と積分 2』の定理 2.36 と同じものである．証明もほとんど変わらないが，定理を半連続関数に対して拡張しておくことは，後述の変分問題との関連で重要であるので，あらためて証明を与えることにする．

［証明］　同様だから後半部分だけを示す．$f(x)$ を K 上の下半連続関数とし，

$$\alpha = \inf_{x \in K} f(x)$$

とおく．$-\infty \leqq \alpha < \infty$ である．下限の定義から，K 内の点列 $x_1, x_2, x_3, \cdots$ で

$$f(x_k) \ \to \ \alpha \quad (k \to \infty)$$

を満たすものが存在する．系 3.41 より，点列 $\{x_k\}$ から収束する部分列を取り出せる．その極限点を x_∞ とおくと，$f(x)$ の下半連続性から

$$\varliminf_{x \to x_\infty} f(x) \geqq f(x_\infty).$$

よって

$$f(x_\infty) \leqq \alpha = \inf_{x \in K} f(x)$$

が成立する．一方，$x_\infty \in K$ だから，下限の定義より $f(x_\infty) \geqq \alpha$．これより $f(x_\infty) = \alpha$ となり，α が f の最小値であることがわかる． ■

さて，ボルツァーノ–ワイエルシュトラスの定理に関連する重要な結果をもう1つ述べる．その前に，§2.2で与えた被覆の概念をもう一度復習しておこう．ある点集合 A が，点集合の族 $\{V_\lambda\}_{\lambda \in \Lambda}$ によって覆われる，すなわち

$$A \subset \bigcup_{\lambda \in \Lambda} V_\lambda$$

が成り立つとき，$\{V_\lambda\}_{\lambda \in \Lambda}$ を A の**被覆**(covering)と呼ぶ．この際，相異なる V_λ どうしが共通部分をもっていても一向にかまわない．とくに各々の V_λ が開集合である場合，これを**開被覆**という．

次の定理は系3.41から導かれる．証明は，例えば本シリーズ『曲面の幾何』の定理2.30を参照せよ．

定理 3.43（ハイネ–ボレル(Heine–Borel)の定理）　K を $\mathbb{R}^n$ 内の有界閉集合とし，$\{V_\lambda\}_{\lambda \in \Lambda}$ を K の任意の開被覆とする．このとき，この被覆から適当な有限個の要素 $V_{\lambda_1}, V_{\lambda_2}, V_{\lambda_3}, \cdots, V_{\lambda_m}$ を取り出し，これによって K を被覆することができる． □

一般に，点集合 K が定理3.43の結論に示した性質をもつとき，K は**コンパクト**(compact)であるという．また，系3.41の結論に示した性質をもつとき，**点列コンパクト**(sequentially compact)という．上述の定理や系は，空間 $\mathbb{R}^n$ 内の有界閉集合がコンパクトかつ点列コンパクトであることを示している．実は，この逆の命題も成り立つ．すなわち，空間 $\mathbb{R}^n$ 内の点集合 K がコンパクト(あるいは点列コンパクト)であるための必要十分条件は，K が有界閉集合となることである(付録B参照)．この事実に鑑み，今後は $\mathbb{R}^n$ 内の有界閉集合を「コンパクト集合」と呼ぶことにする．なお，距離空間におけるコンパクト集合の概念については付録Bで説明する．

§3.4 関数の一様収束

囲み記事「無限級数をめぐる困惑」でも述べたように，関数の一様収束の概念は，19世紀前半のコーシーの時代にはまだなかった．この概念の重要性にいち早く注目し，それを解析学のさまざまな分野に応用したのはワイエルシュトラスである．今日の解析学では数多くの種類の収束の概念が導入され，問題の性質に応じて使い分けられるようになっているが，一様収束は，依然最も重要な収束概念の1つである．

(a) 一様収束

$\mathbb{R}^n$ 内の領域(またはもっと一般の点集合) D 上で定義された実数値関数の列 $f_1(x), f_2(x), f_3(x), \cdots$ が関数 $f(x)$ に**一様収束**(uniform convergence; 形容詞形は uniformly convergent)するとは，

$$\lim_{m\to\infty}\sup_{x\in D}|f_m(x)-f(x)|=0$$

が成り立つことをいう．一様収束することを

$$f_m(x)\rightrightarrows f(x)\quad(m\to\infty)$$

という記号で表すこともある．これに対し，単に各々の $x\in D$ に対して

$$\lim_{m\to\infty}|f_m(x)-f(x)|=0$$

が成り立つことを**各点収束**(pointwise convergence)という．複素数値関数や $\mathbb{R}^n$ 値関数の一様収束や各点収束もまったく同様に定義される．

関数列の一様収束の概念は，助変数を含む関数に対してそのまま拡張される．すなわち，α を助変数とする関数 $f_\alpha(x)$ が，$\alpha\to\alpha_0$ のとき関数 $f(x)$ に D 上で**一様収束**するとは，

$$\lim_{\alpha\to\alpha_0}\sup_{x\in D}|f_\alpha(x)-f(x)|=0$$

が成り立つことをいう．

例題 3.44 $f(x)$ が D 上の有界関数なら，$af(x)$ は $a\to 0$ のとき 0 に D

上で一様収束する．

［解］　関数 $f(x)$ は有界だから，$|f(x)| \leqq M\ (x \in D)$ が成り立つような実数 $M>0$ が存在する．このとき

$$\sup_{x \in D} |af(x)-0| \leqq aM$$

となるから，$a \to 0$ のとき $af(x) \rightrightarrows 0$ である．∎

例 3.45　例題 3.44 より，$a\sin x$ や $\dfrac{a}{1+x^2}$ などの関数は $a \to 0$ のとき $\mathbb{R}$ 上で 0 に一様収束する．□

(b)　広義一様収束

関数列 $f_1(x), f_2(x), f_3(x), \cdots$ が関数 $f(x)$ に D 上で**広義一様収束**(uniform convergence in the wider sense)するとは，D の任意の点 x_0 に対し，正の数 $\delta(x_0)$ を適当に選べば

$$\lim_{m \to \infty} \sup_{\substack{x \in D \\ |x-x_0|<\delta(x_0)}} |f_m(x)-f(x)| = 0$$

が成り立つようにできることをいう．これはすなわち，D の各点の近傍上で $\{f_m(x)\}_{m=1}^{\infty}$ が $f(x)$ に一様収束することを意味する．

例 3.46　区間 $[0,1)$ 上で関数 x^k は $k \to \infty$ のとき 0 に広義一様収束するが，一様収束はしない．□

例 3.47　$\mathbb{R}$ 上で関数 e^{ax} は $a \to 0$ のとき 1 に広義一様収束するが，一様収束はしない．□

定理 3.48　関数列 $\{f_m(x)\}_{m=1}^{\infty}$ は点集合 D 上で関数 $f(x)$ に広義一様収束するとする．K を D に含まれる任意のコンパクト集合(すなわち有界閉集合)とすると，関数列 $\{f_m(x)\}_{m=1}^{\infty}$ は K 上で一様収束する．

［証明］　背理法で証明する．仮に K 上で一様収束しないとすると，

$$\varlimsup_{m \to \infty} \sup_{x \in K} |f_m(x)-f(x)| > 0$$

が成り立つ．これより，正の数 ε_0 と自然数の列 $m_1<m_2<m_3<\cdots$ が存在し

て，

$$\sup_{x\in K}|f_{m_i}(x)-f(x)|>\varepsilon_0 \quad (i=1,2,3,\cdots)$$

が成り立つ．したがって，各自然数 i に対して，K の点 x_i で

$$|f_{m_i}(x_i)-f(x_i)|>\varepsilon_0 \tag{3.35}$$

を満たすものが存在する．K は有界閉集合だから，系 3.41 より，点列 $\{x_i\}$ の部分列で K 内のある点に収束するものが選べる．その極限点を y とおくと，正の数 δ をどれだけ小さくとっても，球 $B_\delta(y)$ の中に無数の x_i が含まれる．よって

$$\varlimsup_{m\to\infty}\sup_{\substack{|x-y|<\delta\\ x\in D}}|f_m(x)-f(x)|\geqq\varepsilon_0$$

が成り立つ．ところがこれは，関数列 $\{f_m\}$ が D 上で f に広義一様収束するという仮定に反する．背理法により，関数列 $\{f_m\}$ は K 上で f に一様収束することが示された． ∎

関数列 $\{f_m(x)\}_{m=1}^{\infty}$ が D の各コンパクト部分集合上で一様収束するとき，これを**コンパクト一様収束**と呼ぶ．定理 3.48 は，広義一様収束であれば必ずコンパクト一様収束でもあることを示している．一方，D が $\mathbb{R}^n$ 内の閉集合や開集合である場合は，この逆も成り立つ．なぜなら，関数列 $\{f_m\}$ が D 上で f にコンパクト一様収束しているとすると，任意の $x_0\in D$ に対し，$\delta>0$ を十分小さくとれば，$\overline{B_\delta(x_0)}\cap D$ はコンパクト集合になり，したがってこの上で $\{f_m\}$ は f に一様収束するからである．

定理 3.49 D 上の連続関数の列 $\{f_m\}_{m=1}^{\infty}$ が関数 f に D 上で広義一様収束すれば，極限関数 f は D 上で連続である．

［証明］ x_0 を D の任意の点とし，集合 $U=B_\delta(x_0)\cap D$ の上で $\{f_m\}$ が f に一様収束するように $\delta>0$ を選んでおく．点 $x\in U$ に対し，

$$\begin{aligned}|f(x)-f(x_0)| &\leqq |f(x)-f_m(x)|+|f_m(x)-f_m(x_0)|+|f_m(x_0)-f(x_0)|\\ &\leqq 2\sup_{y\in U}|f_m(y)-f(y)|+|f_m(x)-f_m(x_0)|.\end{aligned}$$

ここで $x\to x_0$ とし，関数 f_m の連続性を用いると次の不等式を得る．

$$\varlimsup_{x\to x_0}|f(x)-f(x_0)| \leqq 2\sup_{y\in U}|f_m(y)-f(y)|\,.$$

関数列 $\{f_m\}$ は f に U 上で一様収束するから，$m\to\infty$ とすると右辺 $\to 0$. これより

$$\varlimsup_{x\to x_0}|f(x)-f(x_0)| = 0\,.$$

したがって関数 $f(x)$ は点 x_0 で連続である．x_0 は D の任意の点だから，$f(x)$ は D 上で連続である． ∎

例 3.50

$$\lim_{k\to\infty} x^k = \begin{cases} 0 & (0\leqq x<1), \\ 1 & (x=1)\,. \end{cases}$$

この極限関数は点 $x=1$ で不連続だから，上の収束は $[0,1]$ 上の広義一様収束ではない． □

(c)　関数を項とする級数

領域 D 上で定義された関数を項とする級数

$$\sum_{k=1}^{\infty} g_k(x) \tag{3.36}$$

が収束するとは，部分和

$$s_N(x) = \sum_{k=1}^{N} g_k(x)$$

が $N\to\infty$ のとき収束することをいう．一様収束，広義一様収束についても同じように定義できる．また，級数(3.36)が**絶対収束**するとは，級数

$$\sum_{k=1}^{\infty} |g_k(x)|$$

が収束することをいう．また，この級数が一様収束(あるいは広義一様収束)するとき，もとの級数は**一様絶対収束**(あるいは**広義一様絶対収束**)するという．容易にわかるように，実数 $M_k\geqq 0$ $(k=1,2,3,\cdots)$ で

$$|g_k(x)| \leqq M_k \quad (x \in D,\ k=1,2,3,\cdots), \quad \sum_{k=1}^{\infty} M_k < \infty$$

を満たすものが存在すれば級数 $\sum g_k(x)$ は D で一様絶対収束する．級数 $\sum M_k$ を級数 $\sum g_k(x)$ の**優級数**(majorant series)と呼ぶ．

例 3.51　『微分と積分 2』の定理 2.20 で学んだように，1 変数の**ベキ級数**(power series)

$$\sum_{k=0}^{\infty} a_k x^k$$

は，$-R<x<R$ の範囲で広義一様絶対収束し，$|x|>R$ のとき発散する．また，複素数を変数とするベキ級数

$$\sum_{k=0}^{\infty} a_k z^k$$

は，複素数平面内の円板領域 $|z|<R$ において広義一様絶対収束し，$|z|>R$ のとき発散する．ただしここで

$$\frac{1}{R} = \overline{\lim_{k\to\infty}}\, |a_k|^{1/k} \tag{3.37}$$

である(コーシー–アダマールの公式)．この円板を上のベキ級数の**収束円**(circle of convergence)，R を**収束半径**(radius of convergence)と呼ぶ．ベキ級数の詳しい性質については本シリーズ『複素関数入門』を参照せよ．　□

例 3.52　次のような 2 変数のベキ級数について考えてみよう．

$$\sum_{k,l=0}^{\infty} a_{kl} x^k y^l . \tag{3.38}$$

ここで x, y は複素数とするが，複素数に慣れていない読者は，実数の範囲で考えればよい．いま，ある $R_1, R_2>0$ に対して

$$\sup_{k,l \geqq 0} |a_{kl}| R_1^k R_2^l < \infty$$

が成り立ったとしよう．このとき，級数(3.38)は領域

$$|x| < R_1, \quad |y| < R_2$$

において広義一様絶対収束する．証明は1変数の場合とほとんど同じようにしてできる．なお，上の領域は，変数が実数の場合は矩形，複素数の場合は2重円板，すなわち2つの円板の直積集合である． □

例 3.53　級数 $\sum_{k=1}^{\infty} a_k$ が絶対収束すれば，級数

$$\sum_{k=1}^{\infty} a_k \sin kx$$

も $\mathbb{R}$ 上で一様絶対収束する．なぜなら $\sum |a_k|$ は級数 $\sum_{k=1}^{\infty} a_k \sin kx$ の優級数になっているからである． □

一般に，

$$\sum_k (a_k \cos kx + b_k \sin kx) \tag{3.39}$$

の形に表される級数を**3角級数**(trigonometric series)と呼ぶ．とくに cos のみが現れるものは**余弦級数**，sin のみが現れるものは**正弦級数**という．変数 x をその定数倍 cx で置き換えたものも3角級数と呼ばれる．この場合，級数がもし収束すれば，その和は周期 $2\pi/c$ の関数となる．また，

$$\sum_{m,n} a_{mn} \cos mx \cos ny$$

のような多変数の3角級数もしばしば扱われる．

問 8　$\sum_{k=1}^{\infty} |a_k|,\ \sum_{k=1}^{\infty} |b_k|,\ \sum_{k=1}^{\infty} |c_k|,\ \sum_{k=1}^{\infty} |d_k| < \infty$ ならば，3角級数どうしの積

$$\left(\sum_{k=1}^{\infty} (a_k \cos kx + b_k \sin kx)\right)\left(\sum_{k=1}^{\infty} (c_k \cos kx + d_k \sin kx)\right)$$

は，一様絶対収束する単一の3角級数に表されることを示せ．

(d)　極限関数の微分と積分

2つの極限操作の順序の交換が無条件にできないことは，§3.1(d)の2重数列で述べたとおりである．微分も極限操作を含んだ演算であるから，等式

3角級数とフーリエの夢

3角級数の研究は，18世紀半ばにダニエル・ベルヌーイ(D. Bernoulli)が弦の振動を3角級数で表す方法を考案したことに始まる．しかし当時の研究はまだ断片的なものにとどまっていた．大きな転機は，フランスの数学者フーリエ(J.-B.-J. Fourier)によってもたらされた．彼は物体内の熱の伝導の研究を通して，「任意の」周期関数を3角級数で表現する公式を発見し，その方法を熱伝導をはじめさまざまな問題の研究に利用した．フーリエの議論の展開の仕方には曖昧な部分も多く，また，この理論そのものが当時の数学の水準では解決不能なさまざまな困難を抱えていたため，彼の仕事は当初から高い評価とともに痛烈な批判も浴びた．

フーリエが熱伝導の問題に引き込まれた発端の動機ははっきりしないが，研究を進めるうちに彼は，熱伝導の数学理論を確立すれば，ゆくゆくは地球内部の温度分布や熱の流れを，表面温度の測定データだけで計算することができるようになるだろうと考えた．また，これにより，地球が溶融した状態から冷めたのかどうか，あるいは地球ができてからどのぐらいの時間が経過したかなどの，地球や太陽系の生誕に関わるさまざまな疑問が解決するだろうと期待していた．フーリエにとって熱伝導の研究は，単に実用上の関心だけからなされたものではなく，彼の思い描いた壮大な宇宙論の重要な礎としての性格を帯びていたのである．

フーリエの宇宙論は，ついに完成されることなく終わったが，その研究から派生した3角級数の理論は，後世の解析学に大きな影響を与えた．はじめに述べたように，3角級数論は当時の数学では解決できないさまざまな困難を抱えていたため，リーマンをはじめとする数多くの数学者が3角級数論の厳密化に取り組んだ．19世紀後半にカントールが集合論の研究を始めたきっかけが，3角級数論の厳密化の過程で生じた未解決の難題に取り組むためであったことも興味深い．

$$\frac{d}{dx}\left(\lim_{m\to\infty} f_m(x)\right) = \lim_{m\to\infty} \frac{d}{dx} f_m(x) \tag{3.40}$$

は必ずしも成立しない．積分についても事情は同じで，等式

$$\int_D \lim_{m\to\infty} f_m(x)dx = \lim_{m\to\infty} \int_D f_m(x)dx \tag{3.41}$$

はつねに成立するわけではない．次の例を見てみよう．

例 3.54　区間 $[0,1]$ 上の関数 $f_m(x)$ を次のように定義する．

$$f_m(x) = \begin{cases} 2m - 4m^2\left|x - \dfrac{1}{2m}\right| & \left(0 \leqq x \leqq \dfrac{1}{m}\right), \\ 0 & \left(\dfrac{1}{m} < x \leqq 1\right). \end{cases}$$

すると

$$\lim_{m\to\infty} f_m(x) = 0, \quad \int_0^1 f_m(x)dx = 1 \quad (m = 1, 2, 3, \cdots).$$

よって等式(3.41)は成立しない．　□

例 3.55　自然数 m に対し，区間 $[0, 1/m]$ 上の関数 $h_m(x)$ を

$$h_m(x) = \begin{cases} 1 & \left(0 \leqq x \leqq \dfrac{1}{m} - \dfrac{1}{m^2}\right), \\ 1 - 2m + 4m^3\left|x - \dfrac{1}{m} + \dfrac{1}{2m^2}\right| & \left(\dfrac{1}{m} - \dfrac{1}{m^2} < x \leqq \dfrac{1}{m}\right) \end{cases}$$

と定め，これを周期 $1/m$ の関数として $\mathbb{R}$ 全体に拡張しておく．$h_m(x)$ は連続関数で，任意の $x \in \mathbb{R}$ に対し $h_m(x) \to 1$ $(m \to \infty)$ であり，かつ

$$\int_0^{1/m} h_m(x)dx = 0$$

である．いま，$\mathbb{R}$ 上の関数 $f_m(x)$ を

$$f_m(x) = \int_0^x h_m(x)dx$$

で定義すると，先ほどの等式から，$f_m(x)$ が周期 $1/m$ の関数であることがわ

かる．さらに，'ほとんどすべて' の $x\in\mathbb{R}$ に対し

$$\lim_{m\to\infty} f_m(x)=0$$

となることが容易に確かめられる．一方，

$$\lim_{m\to\infty} f'_m(x)\ \bigl(=\lim_{m\to\infty} h_m(x)\bigr)=1$$

であるから，(3.40)の左辺も右辺も存在するにもかかわらず，等号は成り立たない． □

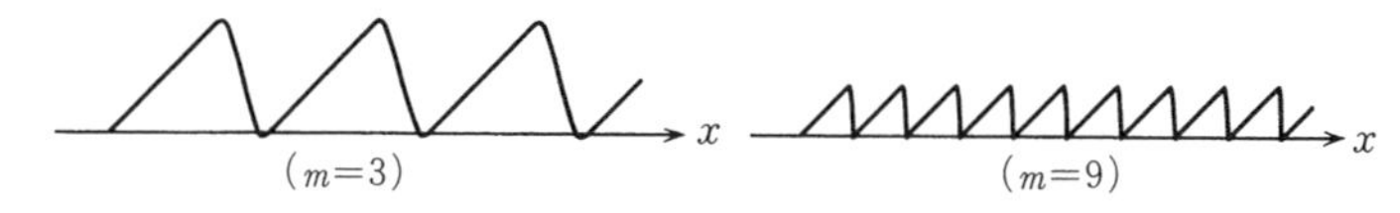

図 3.2 例 3.55 の関数 $f_m(x)$ のグラフ($m=3$ および 9)

以下に述べる定理は，微分や積分と極限記号の順序交換ができるための十分条件を与える．

定理 3.56 有界領域 D 上の連続関数の列 $\{f_m(x)\}_{m=1}^{\infty}$ が，$m\to\infty$ のとき D 上で一様収束すれば，(3.41)が成立する．

[証明] 極限関数を $f(x)$ とおくと，

$$\left|\int_D f_m(x)dx-\int_D f(x)dx\right| \leqq \int_D |f_m(x)-f(x)|dx$$
$$\leqq \sup_{x\in D}|f_m(x)-f(x)|\int_D dx\,.$$

右辺は $m\to\infty$ のとき 0 に収束するから，

$$\int_D f_m(x)dx \ \to\ \int_D f(x)dx \quad (m\to\infty)\,.$$

∎

定理 3.57 空間 $\mathbb{R}^n$ 内の領域 D 上で定義された C^1 級関数の列 $\{f_m(x)\}_{m=1}^{\infty}$ が，$m\to\infty$ のとき関数 $f(x)$ に D 上で広義一様収束し，かつその偏導関数 $\dfrac{\partial f_m}{\partial x_i}(x)$ $(i=1,2,\cdots,n)$ も何らかの関数 $g_i(x)$ $(i=1,2,\cdots,n)$ に D 上で広義一様収束するならば，$f(x)$ は D 上の C^1 級関数で，

$$\frac{\partial f}{\partial x_i}(x)=g_i(x)\quad (i=1,2,\cdots,n)$$

が成立する.

［証明］ 1変数の場合に示しておけば，多変数の場合もほとんど同じようにできる．そこで D は1次元領域(すなわち開区間)であるとする．a を D 内の点とすると，

$$f_m(x) = \int_a^x f_m'(t)dt$$

であるから，定理3.56より

$$f(x) = \lim_{m\to\infty} f_m(x) = \int_a^x \left(\lim_{m\to\infty} f_m'(x)\right) dx = \int_a^x g(t)dt.$$

よって $f'(x) = g(x)$ が成り立つ. ∎

上の定理から，以下の結果がただちに従う.

定理 3.58 (項別積分定理) 連続関数を項にもつ級数 $\sum_{k=1}^{\infty} g_k(x)$ が有界領域 D 上で一様収束すれば，

$$\sum_{k=1}^{\infty} \int_D g_k(x)dx = \int_D \sum_{k=1}^{\infty} g_k(x)\,dx \tag{3.42}$$

が成り立つ. □

定理 3.59 (項別微分定理) $g_1(x), g_2(x), g_3(x), \cdots$ は領域 D 上の連続関数とする．級数

$$\sum_{k=1}^{\infty} g_k(x), \quad \sum_{k=1}^{\infty} \frac{d}{dx} g_k(x)$$

がいずれも D 上で広義一様収束すれば，次の等式が成り立つ.

$$\frac{d}{dx}\left(\sum_{k=1}^{\infty} g_k(x)\right) = \sum_{k=1}^{\infty} \frac{d}{dx} g_k(x)\,. \tag{3.43}$$

□

系 3.60 (ベキ級数の項別微分定理) ベキ級数 $\sum_{k=1}^{\infty} a_k z^k$ は収束円 $|z| < R$ 内で微分可能で，以下が成り立つ.

$$\frac{d}{dz}\left(\sum_{k=0}^{\infty} a_k z^k\right) = \sum_{k=0}^{\infty} k a_k z^{k-1}. \tag{3.44}$$

［証明］ ベキ級数 $\sum a_k z^k$ と $\sum k a_k z^{k-1}$ の収束半径をそれぞれ R, R' とすると，コーシー–アダマールの公式(3.37)より

$$\frac{1}{R} = \overline{\lim_{k\to\infty}} |a_k|^{1/k} = \overline{\lim_{k\to\infty}} |ka_k|^{1/k} = \frac{1}{R'}.$$

よって $R=R'$ である．したがって円板領域 $|z|<R$ 内でこの 2 つのベキ級数は広義一様絶対収束する．よって定理 3.59 より等式(3.44)が成り立つ． ∎

問 9 例 3.52 で扱った 2 変数のベキ級数に対しても(3.44)と同様の公式が成り立つことを示せ．

例題 3.61 (3 角級数の項別微分) 実数または複素数の列 $a_1, a_2, a_3, \cdots$ が

$$\sum_{k=1}^{\infty} k|a_k| < \infty$$

を満たすならば，級数

$$f(x) = \sum_{k=1}^{\infty} a_k \sin kx \tag{3.45}$$

は C^1 級の関数であり，

$$f'(x) = \sum_{k=1}^{\infty} ka_k \cos kx$$

が成立することを示せ．

[解] 級数 $\sum k|a_k|$ は，級数 $\sum a_k \sin kx$ と級数 $\sum ka_k \cos kx$ の両方の優級数になっている．よってこれら 2 つの級数は $\mathbb{R}$ 上で一様絶対収束する．定理 3.59 より所期の結論が得られる． ∎

問 10 ある自然数 m に対して $\sum_{k=1}^{\infty} k^m|a_k| < \infty$ が成り立てば，級数(3.45)は C^m 級の関数であることを示せ．

§3.5 アスコリ–アルツェラの定理

与えられた数列や点列が収束部分列をもつための条件を述べたボルツァーノ–ワイエルシュトラスの定理が，さまざまな局面で役立つことはこれまでに

見てきたとおりである．本節で紹介するアスコリ–アルツェラ(Ascoli–Arzelà)の定理は，与えられた関数列あるいは関数族の中から収束部分列が取り出せるための条件を与えるものである．これは，いわば，ユークリッド空間内の点集合に関するボルツァーノ–ワイエルシュトラスの定理を，関数の世界に拡張したものである．アスコリ–アルツェラの定理は，微分方程式や積分方程式，あるいは変分問題など，実にさまざまな問題の解析に役立つ．本節末でごく簡単な応用例に触れ，次節で変分問題への応用について述べる．

(a) 同等連続性

点集合 D 上で定義された関数の族 $\{f_\alpha\}_{\alpha\in A}$ が点 $x_0\in D$ において**同等連続**であるとは，正の数 ε をどれだけ小さくとっても，正の数 δ をうまく選べば，$|x-x_0|<\delta$ を満たすすべての点 $x\in D$ とすべての $\alpha\in A$ に対して

$$|f_\alpha(x)-f_\alpha(x_0)|<\varepsilon \tag{3.46}$$

が成り立つようにできることをいう．このことは

$$\lim_{\delta\to 0}\sup_{\substack{x\in D\\ |x-x_0|<\delta\\ \alpha\in A}}|f_\alpha(x)-f_\alpha(x_0)|=0$$

が成り立つことと同値である．与えられた関数の族が D の各点で同等連続であるとき，この関数の族は D 上で同等連続であるという．

定義から，関数の族 $\{f_\alpha\}_{\alpha\in A}$ が点 x_0 で同等連続ならば，各々の関数 f_α は点 x_0 で連続である．

例 3.62　関数列

$$f_k(x)=\sin kx \quad (k=1,2,3,\cdots)$$

は，$\mathbb{R}$ 上のいかなる点においても同等連続でない(図3.3)．これに対し，関数列

$$g_k(x)=\frac{1}{k}\sin kx \quad (k=1,2,3,\cdots)$$

は，$\mathbb{R}$ 上で同等連続である(図3.4)．　□

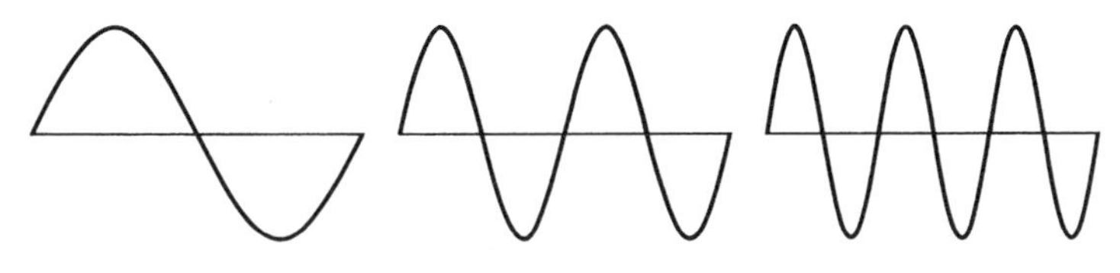

図 3.3　同等連続でない関数列 $f_k(x)$

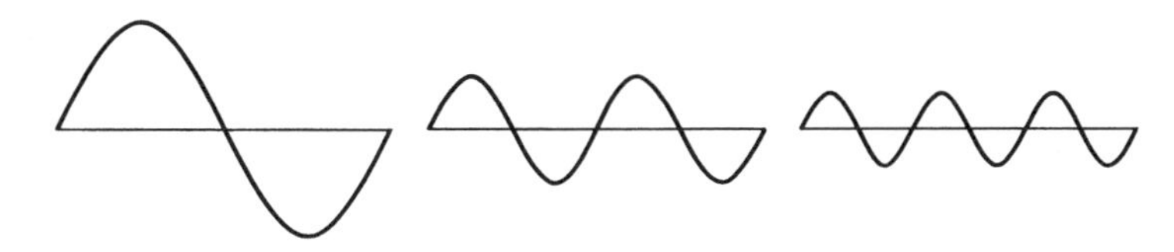

図 3.4　同等連続な関数列 $g_k(x)$

問 11　例 3.62 の主張が正しいことを示せ.

例 3.63　$\{T_\alpha\}_{\alpha\in A}$ を n 次正方行列の族とし，$\mathbb{R}^n$ 上の線形写像の族

$$f_\alpha(x) = T_\alpha x \quad (\alpha \in A)$$

を考える．この写像の族が $\mathbb{R}^n$ 上で同等連続であるための必要十分条件は，

$$\sup_{\alpha\in A} \|T_\alpha\| < \infty$$

が成り立つことである.　□

問 12　例 3.63 の主張が正しいことを示せ.

(b)　アスコリ–アルツェラの定理

いよいよ本節の主題をなす定理を述べよう.

定理 3.64（アスコリ–アルツェラの定理）　点集合 D 上の連続関数の族 $\mathcal{F}$ が以下の条件を満たすとする.

(A1):（同等連続性）$\mathcal{F}$ は D の各点で同等連続.

(A2):（各点有界性）任意の $x\in D$ に対し $\sup_{f\in\mathcal{F}} |f(x)| < \infty$.

このとき，$\mathcal{F}$ の元からなる任意の関数列 $f_1, f_2, f_3, \cdots$ は，D 上でコンパクト一様収束する部分列をもつ．

［証明］ D の点からなる点列 $a_1, a_2, a_3, \cdots$ で D で稠密なものをとり(演習問題 3.3 参照)，これを固定する．この点列が形成する点集合を S とおく．本定理の証明は長いので，以下の 3 段階に分ける．

第 1 段: $\{f_m\}$ の部分列で S 上で各点収束するものの構成

第 2 段: 第 1 段で構成した部分列が D 上で各点収束することの証明

第 3 段: この部分列がコンパクト一様収束することの証明

（第 1 段）関数列 $\{f_m\}_{m=1}^{\infty}$ が点 a_1 においてとる値を並べてできる数列 $\{f_m(a_1)\}_{m=1}^{\infty}$ は，仮定(A2)より有界列である．よって系 3.41 より，その部分列 $\{f_{m_k}(a_1)\}_{k=1}^{\infty}$ で収束するものがある．関数列 $\{f_{m_k}\}_{k=1}^{\infty}$ を後の議論の都合上 $\{f_k^{(1)}\}_{k=1}^{\infty}$ と書き表すことにし，

$$\alpha_1 = \lim_{k\to\infty} f_k^{(1)}(a_1)$$

とおく．さて，この関数列が点 a_2 においてとる値も，再び仮定(A2)より有界である．よって関数列 $\{f_k^{(1)}\}_{k=1}^{\infty}$ から適当な部分列 $\{f_k^{(2)}\}_{k=1}^{\infty}$ を取り出して，その a_2 における値が収束するようにできる．その極限値を

$$\alpha_2 = \lim_{k\to\infty} f_k^{(2)}(a_2)$$

とおく．以下同様にして，部分列をとる操作を繰り返すことにより，関数列の系列

$$\{f_k^{(1)}\}_{k=1}^{\infty} \supset \{f_k^{(2)}\}_{k=1}^{\infty} \supset \{f_k^{(3)}\}_{k=1}^{\infty} \supset \cdots$$

で以下を満たすものが得られる．

$$\lim_{k\to\infty} f_k^{(j)}(a_j) = \alpha_j \quad (j = 1, 2, 3, \cdots).$$

これらの関数列の項を次のように並べておこう．

$$
\begin{array}{l}
f_1^{(1)},\ f_2^{(1)},\ f_3^{(1)},\ f_4^{(1)},\ f_5^{(1)},\ \cdots \\
f_1^{(2)},\ f_2^{(2)},\ f_3^{(2)},\ f_4^{(2)},\ f_5^{(2)},\ \cdots \\
f_1^{(3)},\ f_2^{(3)},\ f_3^{(3)},\ f_4^{(3)},\ f_5^{(3)},\ \cdots \\
f_1^{(4)},\ f_2^{(4)},\ f_3^{(4)},\ f_4^{(4)},\ f_5^{(4)},\ \cdots \\
\qquad\qquad \cdots\cdots\cdots
\end{array}
$$

ここで，横に並んだ各関数列は，その上段の関数列の部分列である．さて，上の表の対角線上に並ぶ項を拾い上げてできる関数列 $\{f_k^{(k)}\}_{k=1}^{\infty}$ を考えると，各自然数 j に対して $\{f_k^{(k)}\}_{k=j}^{\infty}$ が $\{f_k^{(j)}\}_{k=1}^{\infty}$ の部分列になっていることは明らかである．よって

$$
\lim_{k\to\infty} f_k^{(k)}(a_j) = \alpha_j \quad (j=1,2,3,\cdots)
$$

が成り立つ．すなわち，この関数列は S 上で各点収束する．

（第 2 段）x_0 を D 上の勝手な点とする．任意に与えられた正の数 ε に対し，(3.46)が成り立つように $\delta>0$ を選ぶ．すると S の稠密性から，点 $a\in S$ で $|x_0-a|<\delta$ を満たすものが存在する．これより，

$$
\begin{aligned}
|f_k^{(k)}(x_0)-f_l^{(l)}(x_0)| &\leqq |f_k^{(k)}(x_0)-f_k^{(k)}(a)|+|f_k^{(k)}(a)-f_l^{(l)}(a)|+|f_l^{(l)}(a)-f_l^{(l)}(x_0)| \\
&< 2\varepsilon+|f_k^{(k)}(a)-f_l^{(l)}(a)|.
\end{aligned}
$$

ここで $k,l\to\infty$ とすると，右辺第 2 項 $\to 0$．よって

$$
\overline{\lim_{k,l\to\infty}}\, |f_k^{(k)}(x_0)-f_l^{(l)}(x_0)| \leqq 2\varepsilon.
$$

$\varepsilon>0$ は任意に小さくとれるから，結局以下が成り立つ．

$$
\overline{\lim_{k,l\to\infty}}\, |f_k^{(k)}(x_0)-f_l^{(l)}(x_0)| = 0.
$$

よって $\{f_k^{(k)}(x_0)\}_{k=1}^{\infty}$ はコーシー列であり，したがって収束する．この極限値を $f(x_0)$ と書き表すと，x_0 が D 上の任意の点であることから，D 上の関数 $f(x)$ が定まる．

（第 3 段）表記の簡便上，関数列 $\{f_k^{(k)}\}_{k=1}^{\infty}$ を $\{\widetilde{f}_k\}_{k=1}^{\infty}$ と表すことにする．

この関数列が関数 f にコンパクト一様収束することを背理法で示そう．仮に結論が成り立たないとすると，D に含まれるコンパクト集合(すなわち有界閉集合) K で，以下を満たすものがある．

$$\overline{\lim_{k\to\infty}}\sup_{x\in K}|\widetilde{f}_k(x)-f(x)|>0\,.$$

これより，適当な自然数の列 $k_1<k_2<k_3<\cdots$ と正の数 ε_0 に対して

$$\sup_{x\in K}|\widetilde{f}_{k_i}(x)-f(x)|>\varepsilon_0 \quad (i=1,2,3,\cdots)$$

が成り立つ．よって，各 $i=1,2,3,\cdots$ に対し

$$|\widetilde{f}_{k_i}(x_i)-f(x_i)|>\varepsilon_0 \tag{3.47}$$

を満たす点 $x_i\in K$ が存在する．K はコンパクトだから，点列 $\{x_i\}_{i=1}^{\infty}$ の中から収束部分列が取り出せる．$\{x_{i_p}\}_{p=1}^{\infty}$ をそのような収束部分列の1つとし，

$$\lim_{p\to\infty}x_{i_p}=y$$

とおく．さて，仮定(A1)より，十分大きなすべての p に対して

$$|\widetilde{f}_k(x_{i_p})-\widetilde{f}_k(y)|\leqq\frac{\varepsilon_0}{4} \quad (k=1,2,3,\cdots)$$

が成り立つ．ここで $k\to\infty$ とすれば

$$|f(x_{i_p})-f(y)|\leqq\frac{\varepsilon_0}{4}$$

が得られる．これらより，十分大きなすべての p に対して

$$\begin{aligned}|\widetilde{f}_k(x_{i_p})-f(x_{i_p})|&\leqq|\widetilde{f}_k(x_{i_p})-\widetilde{f}_k(y)|+|\widetilde{f}_k(y)-f(y)|+|f(y)-f(x_{i_p})|\\&\leqq|\widetilde{f}_k(y)-f(y)|+\frac{\varepsilon_0}{2} \quad (k=1,2,3,\cdots)\end{aligned}$$

が成り立つことがわかる．よって

$$\overline{\lim_{p\to\infty}}|\widetilde{f}_{k_{i_p}}(x_{i_p})-f(x_{i_p})|\leqq\frac{\varepsilon_0}{2}.$$

ところがこれは，不等式(3.47)に矛盾する．背理法により，$\widetilde{f}_k(x)$ が $f(x)$ に K 上で一様収束することが示された．∎

注意 3.65　上の定理で述べたように，D 上の関数族 $\mathcal{F}$ が，各 $x\in D$ に対して

$$\sup_{f \in \mathcal{F}} |f(x)| < \infty$$

を満たすとき，**各点有界**(pointwise bounded)という．これに対し，

$$\sup_{f \in \mathcal{F}} \sup_{x \in D} |f(x)| < \infty$$

が成り立つとき，**一様有界**(uniformly bounded)という．各点有界性よりも一様有界性の方が一般に強い性質である．

以下の2つの系では，関数族 $\mathcal{F}$ は，定理3.64の仮定を満足するとする．

系3.66 $\mathcal{F}$ に属する関数列 $f_1(x), f_2(x), f_3(x), \cdots$ が関数 $f(x)$ に各点収束するならば，この収束はコンパクト一様収束である． □

上の系の内容は，定理3.64の証明の第3段ですでに示されているが，アスコリ–アルツェラの定理をこの系に述べた形で用いることも多いので，あらためて掲げておいた．なお，次の系の証明と同様の論法により，系3.66を定理3.64そのものから直接導くこともできる．

系3.67 $\mathcal{F}$ に属する関数列 $f_1(x), f_2(x), f_3(x), \cdots$ が連続関数 $f(x)$ に次の意味で収束するならば，この収束はコンパクト一様収束である．

$$\lim_{k \to \infty} \int_D |f_k(x) - f(x)|\, dx = 0. \tag{3.48}$$

[証明] もし $f_k(x)$ が $f(x)$ にコンパクト一様収束しなかったとすると，D 内のコンパクト集合 K で以下を満たすものが存在する．

$$\overline{\lim_{k \to \infty}} \sup_{x \in K} |f_k(x) - f(x)| > 0.$$

よって，適当な部分列 $\{f_{k_i}\}_{i=1}^{\infty}$ と正の数 ε_0 に対し

$$\sup_{x \in K} |f_{k_i}(x) - f(x)| > \varepsilon_0 \quad (i = 1, 2, 3, \cdots)$$

が成り立つ．ところで定理3.64より，関数列 $\{f_{k_i}\}_{i=1}^{\infty}$ の中からコンパクト一様収束する部分列が取り出せる．この収束部分列を改めて $\{f_{k_i}\}_{i=1}^{\infty}$ と定義しなおし，極限関数を $h(x)$ とおくと，

$$\lim_{i\to\infty}\sup_{x\in K}|f_{k_i}(x)-h(x)|=0 \tag{3.49}$$

が得られる．これと先ほどの不等式から，次の式が従う．

$$\sup_{x\in K}|f(x)-h(x)|\geqq\varepsilon.$$

また，(3.49)より，

$$\lim_{i\to\infty}\int_K|f_{k_i}(x)-h(x)|\,dx=0$$

となることも明らかである．これと仮定(3.48)より，

$$\int_K|h(x)-f(x)|dx=0$$

が成り立つ．$h(x), f(x)$ は連続関数だから，上の等式が成り立つのは $h(x)\equiv f(x)$ である場合に限る．ところが，これは先ほどの不等式と矛盾する．背理法により，系3.67の主張が示された． ∎

問13 コンパクトな領域 D 上の関数族 $\mathcal{F}$ が同等連続であれば，$\mathcal{F}$ が各点有界であることと一様有界であることが同値になることを示せ．

§3.6 変分問題への応用

本節では，アスコリ–アルツェラの定理の重要な応用として，曲線に関するいくつかの古典的変分問題を取り扱い，それらの問題が実際に解をもつことを証明する．

(a) 変分法とは何か

周囲の長さが一定の平面領域のうち，面積が最大のものは何であろうか？ また，表面積が一定の空間領域のうち，体積が最大になるのはどのような形の領域であろうか？ これらの問題は**等周問題**(isoperimetric problem)と呼ばれ，古くから研究されてきたテーマである．古代のゼノドロス(Zenodoros)

は，上の問題の解がそれぞれ円と球になることを，多角形や多面体の性質を用いて示そうとした．しかし彼の説明は部分的なものにとどまっていた．その後もさまざまな人々がこの問題に取り組み，解が円や球になることの「証明」が試みられたが，完全な解決は19世紀終わり頃まで得られなかった．

それにしても，考えてみれば奇妙な話である．等周問題の解が円や球になることは，太古の昔から直観的にはわかっていた．にもかかわらず，完全な証明を見いだすのに，なぜゼノドロス以後2千年を要したのだろうか？

等周問題を真正面から扱おうとすると，曲線や曲面の連続的変形を考える必要が生じる．等周問題の解決が遅れたという事実は，このような連続量の取り扱いがいかに厄介であったかを物語るものである．その解決までの経緯を振り返れば，極限，無限小，連続性といった難題に取り組んだ人類の奮闘の歴史がかいま見えるだろう．

さて，等周問題に限らず，長さ，面積，体積，所要時間，エネルギーなど，何らかのスカラー量を最大あるいは最小(場合によっては極大あるいは極小)にする図形の形状や関数の形を求める問題を**変分問題**(variational problem)という．例えば2本の柱の間に張られた電線が静止しているとき，電線のたわみ方は，電線の全位置エネルギーを最小にするような形状になる．また，幾何光学におけるフェルマの原理によれば，空間内の2点 A, B を通過する光の経路は，点 A, B を結ぶあらゆる仮想的経路の中で所要時間を最小(または極小)にするものに一致する．これらの原理に基づいて電線の形状や光の経路を求める問題は，変分問題の典型例である．変分問題に関わる手法や理論を総合して**変分法**(calculus of variations)と呼ぶ．

(b)　曲線に関わる古典的変分問題の例

曲線の形状を求める変分問題にもさまざまなものがあるが，ここでは測地線，光の経路，等周問題の3つを取り上げることにする．

例 3.68（測地線の問題）　曲面 S の上に2点 A, B が与えられているとする．A, B を端点とする連続曲線で S 上にあるものの全体の集合を X_{AB} と表そう．X_{AB} に属する γ の中で，その長さ $l(\gamma)$ が最小であるものは存在するだろうか？

この問題は，慣用上，次のような式で書き表されることがある．

$$\underset{\gamma\in X_{AB}}{\mathrm{Minimize}}\, l(\gamma)\,. \tag{3.50}$$

これは，「X_{AB} 上で $l(\gamma)$ を最小化(minimize)する γ があるならばそれを求めよ」という意味の式である．

例えば S が球面の場合は，点 A, B を通る大円が最短経路を与えることはよく知られている(図3.5)．しかしもっと一般の曲面の場合は，最短経路が存在するかどうかは決して自明ではない．なお，γ が最短経路であれば，γ の各点における「測地的曲率」と呼ばれる量が0になることが知られている．このような性質をもつ曲線を**測地線**(geodesic)と呼ぶ．□

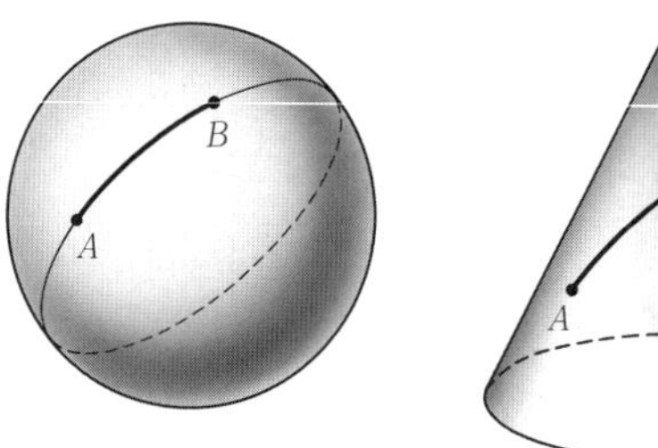

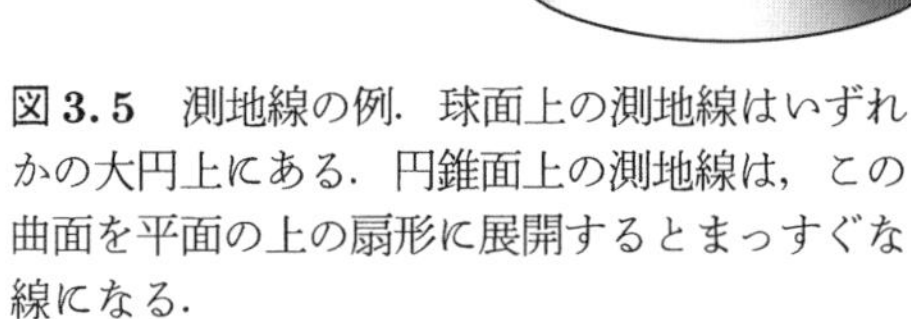

図3.5　測地線の例．球面上の測地線はいずれかの大円上にある．円錐面上の測地線は，この曲面を平面の上の扇形に展開するとまっすぐな線になる．

例3.69（光の経路とフェルマの原理）　真空中をある方向に向けて放たれた光は直線を描くが，不均質な媒質中では光の経路は必ずしもまっすぐにはならない．幾何光学の示すところによれば，2点 A, B を通る光の道筋は，点 A を発して点 B に達するあらゆる仮想的経路(曲線)のうち，所要時間が最小(あるいは極小)になるものに一致する．これを**フェルマ**(Fermat)**の原理**と呼ぶ.

光の速さは各点における媒質の状態に依存する．話を単純にするため，媒質が空間 $\mathbb{R}^3$ 全体に広がっているとし，点 $x\in\mathbb{R}^3$ における光の速さを $c(x)$ とする．もし光が曲線 γ に沿って進むとすれば，所要時間は

$$\int_\gamma \frac{1}{c(x)}ds$$

で与えられる．したがって，光の経路は，次の変分問題の解として得られる．

$$\operatorname*{Minimize}_{\gamma\in Y_{AB}} \int_\gamma \frac{1}{c(x)}ds. \tag{3.51}$$

ここで Y_{AB} は，点 A,B を結ぶ $\mathbb{R}^3$ 内のあらゆる連続曲線を表す． □

例 3.70（等周問題） 平面上の閉曲線 γ が囲む領域を D_γ，その面積を $\mathcal{A}(D_\gamma)$ とする．$c>0$ を与えられた定数として，条件 $l(\gamma)=c$ を満たす閉曲線 γ の全体を Z_c とおく．すると，この節のはじめに述べた等周問題は，次のように定式化できる．

$$\operatorname*{Maximize}_{\gamma\in Z_c} \mathcal{A}(D_\gamma)\,. \tag{3.52}$$

なお，近年ではこの問題をもっと一般化した変分問題を総称して等周問題と呼ぶことがある．その際，上の問題はとくに「古典的等周問題」と呼ばれる． □

(c) 曲線族の収束定理

上記3つの変分問題が解をもつことを示す準備として，曲線族の収束についての基本的な定理を述べておこう．

Γ を空間 $\mathbb{R}^n$ 内の長さ有限な曲線として，その弧長による表示を

$$x=\varphi(s) \quad (0\leqq s\leqq l(\Gamma))$$

とおく．ここで $\sigma=s/l(\Gamma)$ と変数変換すると，曲線 Γ は助変数 σ によって

$$x=\Phi(\sigma) \quad (0\leqq \sigma\leqq 1) \tag{3.53}$$

と表示できる．ここで $\Phi(\sigma)=\varphi(l(\Gamma)\sigma)$ である．(3.53)を曲線 Γ の「正規化された弧長表示」と呼ぶことにする．この表示の利点として，1つの曲線に

カルタゴ建国と等周問題

カルタゴは紀元前9世紀頃から地中海沿岸の交易で栄えた都市国家で，古代ギリシャやローマと覇権を争ったことで知られるが，その建国について興味深い伝説が残っている．

それによると，自らの弟に夫を殺されたフェニキア人の王女ディド(後のカルタゴの女王)は，配下の者を引き連れて郷里を逃れ，遍歴の旅に出た．そして北アフリカの沿岸部(現在のチュニジア)にたどり着き，そこに土地を買って定住しようとした．地元民との交渉の結果，ディドが手に入れられる土地は，1枚の牛皮で覆える広さに限るということになった．一計を案じたディドは，まず牛皮を細く切って非常に長いひもを作った．ついで彼女は，“そのひもで，できるだけ大きな面積の土地を囲むにはどうしたらよいか”を考え，それを実行した．この機略によってディドは予想外に広い土地を得ることに成功し，そこに街を建設した．これがカルタゴ発祥の地となったというのが伝説の内容である．

ひもで囲まれる土地の面積を最大にする方法をディドが的確に知っていたかどうか伝説からは明らかでないが，聡明な彼女のことゆえ，正しい解答——境界線を円弧にすること——を見出していたと思われる．なお，この伝説にちなんで，古典的等周問題のことを**ディドの問題**(Dido's problem)と呼ぶことがある．

1つの表示が対応すること，そして助変数の変域がつねに区間 $[0,1]$ に固定されていることなどが挙げられる．

さて，曲線の列 $\Gamma_1, \Gamma_2, \Gamma_3, \cdots$ が与えられているとし，各 Γ_k の正規化された弧長表示を

$$x = \Phi_k(\sigma) \quad (0 \leqq \sigma \leqq 1)$$

とおく．関数列 $\{\Phi_k(\sigma)\}_{k=1}^{\infty}$ が区間 $[0,1]$ 上で関数 $\Phi(\sigma)$ に一様収束するとき，曲線の列 $\{\Gamma_k\}$ は「一様収束する」といい，助変数表示

$$x = \Phi(\sigma) \quad (0 \leqq \sigma \leqq 1)$$

が定める曲線 Γ をその「極限」と呼ぶ．

定理 3.71　空間 $\mathbb{R}^n$ 内の曲線の列 $\Gamma_1, \Gamma_2, \Gamma_3, \cdots$ が以下の条件を満たすとする.

(a)　適当な正の数 C が存在して

$$l(\Gamma_k) \leqq C \quad (k = 1, 2, 3, \cdots) \tag{3.54}$$

(b)　ある有界集合にすべての Γ_k $(k=1,2,3,\cdots)$ が含まれる.

このとき，曲線列 $\{\Gamma_k\}$ の中から一様収束する部分列が選び出せる.

[証明]　各 Γ_k の弧長による表示を

$$x = \varphi_k(s) \quad (0 \leqq s \leqq l(\Gamma_k))$$

とし，正規化された弧長表示を

$$x = \Phi_k(\sigma) \quad (0 \leqq \sigma \leqq 1)$$

とする．弧長パラメータ s の定義から，Γ_k 上の任意の 2 点 $x_0 = \varphi(s_0)$，$x_1 = \varphi(s_1)$ に対し,

$$|x_0 - x_1| \leqq |s_0 - s_1|$$

が成立する．さて $\Phi_k(\sigma) = \varphi_k(l(\Gamma_k)\sigma)$ であることに注意すると，任意の $\sigma_0, \sigma_1 \in [0,1]$ に対し

$$|\Phi_k(\sigma_0) - \Phi_k(\sigma_1)| \leqq l(\Gamma_k)|\sigma_0 - \sigma_1| \leqq C|\sigma_0 - \sigma_1|$$

が成り立つことがわかる．よって関数列 $\{\Phi_k(\sigma)\}_{k=1}^{\infty}$ は同等連続である．次に，条件(b)より，関数列 $\{\Phi_k(\sigma)\}$ が区間 $[0,1]$ 上で一様に有界であることもわかる．よって，アスコリ–アルツェラの定理により，関数列 $\{\Phi_k(\sigma)\}$ から一様収束する部分列が取り出せる．　■

注意 3.72　一般に，曲線 Γ の正規化された弧長表示と，$x = \Phi(\sigma)$ は，必ずしも一致しない.

問 14　ワイエルシュトラスが 1870 年に発表した解をもたない変分問題の例は，次の汎関数を最小にする関数 $\varphi(x)$ を求める問題であった.

$$J[\varphi] = \int_{-1}^{+1} \left(x \frac{d\varphi(x)}{dx} \right)^2 dx$$

(1) 区間 $[-1,1]$ 上の C^1 級関数 $\varphi(x)$ で境界条件 $\varphi(-1) = -1$，$\varphi(1) = 1$ を満たすものの全体を X とおくと，$\inf_{\varphi \in X} J[\varphi] = 0$ となることを示せ.

解をもたない変分問題

変分法を研究する上で注意しなければならないのは，解が存在するかどうかのチェックである．19 世紀半ばまでの変分法では，解の存在は自明のこととされ，研究上の関心は，もっぱら，その存在するはずの解の性質を調べることに向けられていた．これに対し，ワイエルシュトラスは，解をもたない変分問題の例を示し，当時の研究手法，とりわけディリクレ(P. G. L. Dirichlet)やガウス(C. F. Gauss)による変分法を用いた調和関数の構成方法(いわゆるディリクレ原理)の欠陥を指摘した．

ディリクレ原理は，今日では偏微分方程式論における非常に重要な方法論として確立しているが，当時の数学の水準では，ディリクレ原理で仮定されているエネルギー最小解の存在をきちんと正当化することができなかった．ディリクレ原理で用いられていた議論の欠陥を埋めることができなかった．この問題への取り組みを契機に，変分法をより堅固な基盤の上に築く努力が始められ，近代解析学の発展につながった．なお，変分問題の歴史については本シリーズ『力学と微分方程式』にも関連した記述がある．

(2) $J[\varphi]$ は X 上で最小値をもたないことを示せ．

(d) 解の存在証明

前述の古典的変分問題の解の存在証明を行なう前に，他の変分問題にも応用できるよう，まず一般的な原理を述べておく．ついで，その原理をこれらの例に適用することにする．

一般に，関数に何らかのスカラーの値を対応させる写像を，**汎関数**(functional)という．例えば，関数 $u(x)$ にその定積分

$$\int_a^b u(x)dx$$

を対応させる写像は汎関数である．また，曲線や曲面などの図形も，助変数表示を考えれば関数の一種と見なされるから，これらに長さや面積などのスカラー値を対応させる写像も汎関数と考えてよい．本節では以下，実数値の

汎関数のみを扱う．ところで汎関数を通常の関数と区別するために，$J[u]$ や $E[u]$ のように角括弧 $[\cdot]$ を用いる表記が使われることがある．ただし汎関数であることが前後の文脈から明らかであれば，必ずしもこの表記法にこだわることはない．

さて，X を何らかの「関数」の集合とする．X に属する関数列の「収束」の意味は，きちんと定義されているものとする．X 上の汎関数 $J[u]$ を，X の部分集合 X_0 の上で最小化する変分問題

$$\operatorname*{Minimize}_{u\in X_0} J[u] \tag{3.55}$$

を考えよう．これについて，次の基本的な定理が成り立つ．

定理 3.73　汎関数 $J[u]$ は以下の性質をもつとする．

(a)　X_0 内の列 $u_1, u_2, u_3, \cdots$ が

$$J[u_k] \to \inf_{u\in X_0} J[u] \quad (k\to\infty)$$

を満たせば，この中から収束部分列が取り出せる．

(b)　X_0 内の列 $u_1, u_2, u_3, \cdots$ が v に収束すれば，$v \in X_0$．

(c)　X_0 内の列 $u_1, u_2, u_3, \cdots$ が v に収束すれば，

$$\varliminf_{k\to\infty} J[u_k] \geqq J[v]. \tag{3.56}$$

このとき，変分問題(3.55)は解をもつ．すなわち，$J[v] = \min_{u\in X_0} J[u]$ を満たす $v \in X_0$ が存在する．

［証明］　$\alpha = \inf_{u\in X_0} J[u]$ とおく．仮定(a)および(b)より，X_0 内の列 $u_1, u_2, u_3, \cdots$ で，

$$J[u_k] \to \alpha, \quad u_k \to v \in X_0 \quad (k\to\infty)$$

を満たすものが存在する．仮定(c)より，$\alpha \geqq J[v]$．一方，α の定義と $v \in X_0$ から $\alpha \geqq J[v]$．これより $J[v] = \alpha$ が成り立つ．よって下限 α が汎関数 $J[u]$ の X_0 上での最小値であること，およびこの最小値が v において達成されることが示された．　■

多くの読者が気付かれたと思うが，上の定理の証明は，§3.3 の定理 3.42

の証明とほとんど同じである．条件(c)は，汎関数 $J[u]$ が「下半連続」であることを意味している．

また，条件(b)は X_0 が何らかの意味で「閉集合」であることを要請するものである．(なお，抽象的な距離空間における閉集合や開集合の概念については付録Bを参照せよ．)

上の定理を，本節冒頭で述べた古典的変分問題に適用しよう．

定理 3.74　測地線に関する変分問題(3.50)は解をもつ．

［証明］　汎関数 $l(\gamma)$ が X_{AB} 上で最小値をもつことを示せばよい．定理3.73に掲げた3条件のうち，条件(a)は定理3.71より，条件(c)は第2章の定理2.12より得られる．また，2点 A, B を結ぶ S 上の曲線列の極限がふたたび A, B を結ぶ S 上の曲線になることも明らかだから，条件(b)も満足される．よって定理3.73が適用できる． ∎

定理 3.75　関数 $c(x)>0$ は $\mathbb{R}^n$ 上の連続関数で，上に有界であるとする．このときフェルマの原理に関する変分問題(3.51)は解をもつ．

［証明］　(3.51)に現れる汎関数を $T[\gamma]$ とおく．曲線 γ の正規化された弧長表示 $x=\varphi(\sigma)$ $(0\leqq\sigma\leqq 1)$ を用いると，$T[\gamma]$ は次のように書き直せる．

$$T[\gamma]=l(\gamma)\int_0^1 \frac{d\sigma}{c(\varphi(\sigma))}\,.$$

ここで $ds=l(\gamma)d\sigma$ なることを用いた．関数 $c(x)$ が連続であることから，上式右辺の積分が γ に連続的に依存するのは容易にわかる．これと $l(\gamma)$ の下半連続性から，$J=T[\gamma]$ が定理3.73の条件(c)を満たすことがわかる．条件(b)は明らかである．

最後に条件(a)を示そう．関数 $c(x)$ の $\mathbb{R}^3$ での上限を M とおくと，

$$T[\gamma]\geqq l(\gamma)\int_0^1 \frac{d\sigma}{M}=\frac{1}{M}l(\gamma).$$

これと定理3.71より，ただちに条件(a)が導かれる． ∎

定理 3.76　古典的等周問題(3.52)は解をもつ．

［証明］　定数 c のある値に対して変分問題(3.52)が解をもてば，他の c の値に対する解は，単にその曲線を相似拡大または縮小すれば得られるのは明

らかである．よって $c=1$ の場合だけを考えても一般性を失わない．さて

$$\beta = \sup_{\gamma \in Z_1} \mathcal{A}(D_\gamma)$$

とおく．$0<\beta<\infty$ となることは容易にわかる．いま，γ を任意の閉曲線とし，これを $l(\gamma)^{-1}$ 倍に相似拡大した曲線を $\tilde{\gamma}$ とおくと，$l(\tilde{\gamma})=1$ ゆえ，

$$\beta \geqq \mathcal{A}(D_{\tilde{\gamma}}) = \frac{1}{l(\gamma)^2}\mathcal{A}(D_\gamma).$$

よって以下の不等式が成り立つ．

$$\mathcal{A}(D_\gamma) \leqq \beta l(\gamma)^2\,. \tag{3.57}$$

さて，集合 Z_1 内の列 $\gamma_1, \gamma_2, \gamma_3, \cdots$ で $\mathcal{A}(D_{\gamma_k}) \to \beta$ を満たすものをとる．$l(\gamma_k)=1$ $(k=1,2,3,\cdots)$ だから，定理3.71より，この列の中から収束部分列が選べる．その極限を Γ とおくと，第2章の命題2.34より $\mathcal{A}(D_\Gamma)=\beta$ となる．これと(3.57)より，$l(\Gamma) \geqq 1$．一方，第2章の定理2.12より $l(\Gamma) \leqq 1$ が成り立つから，結局 $l(\Gamma)=1$ となり，$\Gamma \in Z_1$ であることがわかる．したがって，汎関数 $\mathcal{A}(D_\gamma)$ の Z_1 上での最大値が Γ において達成される．∎

(e)　変分問題の解の求め方

これまでは，もっぱら解の存在を議論してきたが，解を求める計算法についても，ごく簡単に触れておこう．ただし本書では考え方のみを示す．具体的な問題への応用については，本シリーズ『力学と微分方程式』や『熱・波動と微分方程式』，あるいは岩波講座『応用数学』の「微分方程式 I」を参照されたい．

X を何らかの関数の集合，$J[u]$ を汎関数とし，変分問題

$$\operatorname*{Minimize}_{u \in X} J[u] \tag{3.58}$$

を考える．関数 v がこの変分問題の解，すなわち

$$J[v] = \min_{u \in X} J[u]$$

が成り立つとする．さて，通常の関数 $f(x)$ の最大最小問題の場合，点 $x=x_0$ において $f(x)$ が最小値または最大値をとり，かつ点 x_0 が $f(x)$ の定義域

の内点であるならば，x_0 におけるあらゆる方向微分が0となり，したがって $\operatorname{grad} f(x_0)=0$ が成り立ったことを思い出そう．これと同様に，v が集合 X のある意味での内点であるならば，勝手な関数 $\varphi(x)$ に対し

$$\frac{d}{d\varepsilon}J[v+\varepsilon\varphi]\bigg|_{\varepsilon=0}=0 \tag{3.59}$$

が成り立つ．これはいわば，汎関数 J の φ 方向の「方向微分」が，あらゆる φ について0となることを意味する式である．

この考え方を次の形の汎関数に対して適用してみよう．

$$J[u]=\int_a^b F\Big(x,u(x),\frac{du}{dx}(x)\Big)dx\,.$$

ただし $F(x,u,p)$ は滑らかな関数であり，X は次のような集合とする．

$$X=\{u\in C^1[a,b]\mid u(a)=A,\ u(b)=B\}\,.$$

ここで，$C^1[a,b]$ とは，区間 $[a,b]$ 上の C^1 級関数の全体を意味する．さて，$v(x)$ が J の X 上での最小値を与える関数ならば，(3.59)を計算して

$$\int_a^b\Big(F_u\Big(x,v,\frac{dv}{dx}\Big)\varphi+F_p\Big(x,v,\frac{dv}{dx}\Big)\frac{d\varphi}{dx}\Big)dx=0$$

が得られる．ただし $\varphi(x)$ は $\varphi(a)=\varphi(b)=0$ を満たす任意の C^1 級関数である．(ここで φ が境界で0になるのは，$v+\varepsilon\varphi\in X$ となるためである．) いま，関数 $v(x)$ が C^2 級であることを仮定すれば，上式左辺の第2項を部分積分することにより，この式は次のように変形できる．

$$\int_a^b\Big(F_u\Big(x,v,\frac{dv}{dx}\Big)-\frac{d}{dx}\Big[F_p\Big(x,v,\frac{dv}{dx}\Big)\Big]\Big)\varphi\,dx=0.$$

これが任意の $\varphi(x)$ に対して成り立つためには，

$$F_u\Big(x,v,\frac{dv}{dx}\Big)-\frac{d}{dx}\Big[F_p\Big(x,v,\frac{dv}{dx}\Big)\Big]=0 \tag{3.60}$$

でなければならないことが示される．これは関数 $v(x)$ に対する微分方程式である．これを変分問題(3.58)の**オイラー方程式**(Euler equation)と呼ぶ．

オイラー方程式は，v における J のあらゆる方向微分が0という条件から導かれたものであるから，通常の関数の最大最小問題における条件式

$$\operatorname{grad} f(x_0) = 0$$

に相当するものである．なお，関数 u の範囲に，例えば

$$\int_a^b u(x)dx = C$$

などの制限を課した，いわゆる「拘束条件付きの変分問題」の場合は，§1.3(b)で述べた(1.19)に相当する式が得られる．その式を「オイラー–ラグランジュ方程式」と呼ぶが，詳細については上述の参考書を参照されたい．

歴史的には，変分法の研究は，解の存在証明よりも，まずオイラー方程式やオイラー–ラグランジュ方程式の導出と，それを用いた解の具体的計算が先行した．17 世紀末のヤコブ・ベルヌーイ(Jakob Bernoulli)，18 世紀のオイラー，ラグランジュらの仕事により，変分法が体系的な理論として整備され，その後の発展の礎が形作られた．しかし，厳密性という観点からは，当時の変分法の理論には多くの欠陥があった．例えば，上で示したオイラー方程式の導出法を見れば，解 $v(x)$ が C^2 級の関数であることを天下り的に仮定している．しかし，解が C^2 級関数のクラスの中から見つかるかどうか，どうやってわかるのだろうか？　昔の人たちは，関数の連続性と微分可能性をはっきり区別していなかったために，この点で悩むことも少なかったのだろう．本書の「まえがき」でも述べたように，18 世紀や 19 世紀前半の人々がこのようなナイーブな取り組み方をしたのは，変分法の初期の発展段階ではむしろ幸いなことであった．しかし解析学の発展とともに，ナイーブな方法にも次第に無理が生じるようになった．ワイエルシュトラスのような強力な批判的精神が現れたのも，時代の要請だったのだろう．その洗礼を受けて，変分法は，20 世紀の近代的な理論へと生まれ変わる道を歩むことになるのである．

《まとめ》

3.1　数列と級数の収束の概念について復習した．

3.2　正項級数の収束・発散を無限乗積の言葉で特徴付けることができる．

3.3　$\mathbb{R}^n$ 内の有界な無限集合は集積点をもつ(ボルツァーノ–ワイエルシュトラスの定理).

3.4　$\mathbb{R}^n$ 内の開集合，閉集合，コンパクト集合，点列コンパクト集合の概念の定義(より詳しい説明は付録 B を参照).

3.5　関数の連続性，一様連続性，半連続性の概念. 下半連続関数の最小値の存在.

3.6　関数列や関数を項とする級数の収束を論じた. キーワード: 一様収束，コンパクト一様収束，一様絶対収束，項別微分定理，項別積分定理，ベキ級数，3 角級数.

3.7　連続関数の族が同等連続かつ各点有界であれば，その中の任意の関数列はコンパクト一様収束する部分列をもつ(アスコリ–アルツェラの定理).

3.8　何らかの汎関数の最小値や最大値(あるいは一般に極値)を求める問題を変分問題という.

3.9　測地線の問題や等周問題などの古典的変分問題が解をもつことが，アスコリ–アルツェラの定理から導かれる.

演習問題

3.1　$\mathbb{R}$ 上で定義された関数 $f(x)$ が次の性質をもつとする.

$$f(x+\alpha) \leqq f(x) \qquad (x \in \mathbb{R}),$$
$$f(x+\beta) = f(x) \qquad (x \in \mathbb{R}).$$

ここで α, β は正の数で，α/β は無理数とする. このとき $f(x)$ は定数であることを示せ. [系: $\mathbb{R}$ 上の関数が 2 つの周期 α, β をもち，α/β が無理数なら，この関数は定数である.]

3.2　θ/π が無理数であれば，複素数

$$a_n = e^{in\theta} = \cos n\theta + i \sin n\theta \quad (n = 1, 2, 3, \cdots)$$

の全体の集合 A は，単位円 $|z|=1$ 上で稠密であることを示せ. (ヒント. $f(x) = \inf_{n \geqq 1} |e^{in\theta} - e^{ix}|$ とおいて，前問の結果を適用せよ.)

3.3　D を $\mathbb{R}^n$ の任意の部分集合とする. このとき，D 上の点列 $a_1, a_2, a_3, \cdots$ で D で稠密なものが存在することを示せ.

3.4　$\mathbb{R}^n$ 上で定義された連続関数 $f(x)$ が $f(x) \to 0$ $(|x| \to \infty)$ を満たすなら，

一様連続であることを示せ.

3.5 $\mathbb{R}^n$ 上の一様連続な関数列 $f_1(x), f_2(x), f_3(x), \cdots$ が一様収束すれば，極限関数も一様連続であることを示せ.

3.6 空間 $\mathbb{R}^n$ 上で定義された実数値関数 $f(x)$ が**凸**(convex)であるとは，任意の $x, y \in \mathbb{R}^n$ と $0 \leqq \lambda \leqq 1$ に対し

$$f(\lambda x + (1-\lambda)y) \leqq \lambda f(x) + (1-\lambda) f(y) \tag{3.61}$$

が成り立つことをいう．有界な凸関数は連続であることを示せ.

3.7 空間 $\mathbb{R}^n$ 上で定義された実数値 C^2 級関数 $f(x)$ が凸であるための必要十分条件は，各点におけるヘッセ行列

$$\mathrm{Hess}_f(x) = \left(\frac{\partial^2 f}{\partial x_i \partial x_j} \right)_{\substack{1 \leqq i \leqq n \\ 1 \leqq j \leqq n}}$$

が非負定値，すなわち任意のベクトル $\xi \in \mathbb{R}^n$ に対し

$$(\mathrm{Hess}_f(x)\xi, \xi) \geqq 0 \tag{3.62}$$

が成り立つことである．これを示せ．[注意: 上の結果は，1 変数の場合の凸関数の条件 $f''(x) \geqq 0$ (『微分と積分 1』系 2.68)の n 変数への拡張である.]

3.8

(1) 3 角多項式 $w_N(x,t) = \sum_{n=1}^{N} a_n \sin nx \sin nt$ が**波動方程式**(wave equation)

$$\frac{\partial^2}{\partial t^2} w - \frac{\partial^2}{\partial x^2} w = 0$$

を満たすことを示せ.

(2) 係数 a_n が

$$\sum_{n=1}^{\infty} n^2 |a_n| < \infty$$

を満たすならば 3 角級数

$$w(x,t) = \sum_{n=1}^{\infty} a_n \sin nx \sin nt$$

は C^2 級の関数で，波動方程式を満たすことを示せ.

3.9 次の汎関数を最小にする関数 $u(x)$ は存在しないことを示せ．(ヒント．まず $J[u]$ の下限が 0 であることを示せ.)

$$J[u] = \int_0^1 \{u(x)^2 + (1 - |u'(x)|)^2\} dx\,.$$

3.10　xy 平面上の各点 (x,y) における光の速さが $c(x)$ という x だけの関数で表されているとする．このとき，光が曲線 $y=u(x)$ に沿って点 $(a,u(a))$ から点 $(b,u(b))$ まで進むのに要する時間は

$$T[u]=\int_a^b \frac{\sqrt{1+u'(x)^2}}{c(x)}\,dx$$

で与えられる．

（1）汎関数 $T[u]$ に対するオイラー方程式を導出せよ．

（2）光の進行方向が，各点で x 軸となす角度を θ とおく．$\dfrac{\sin\theta}{c}$ の値が各々の光の経路上で一定であることを示せ(屈折角に関するスネルの法則)．

付録 A リーマン積分とスティルチェス積分

1854年にリーマン(G. F. B. Riemann)が導入したリーマン積分の概念は，18世紀まで直観的に扱われていた積分法を，近代的な視点から基礎づけるものであった．これは，19世紀に始まった解析学の厳密化に向けての大きな潮流の中に位置づけられる．リーマン積分の登場によって，連続でない関数の積分も比較的自由に行なえるようになった．20世紀に入ると，解析学はますます高度化し，積分論における主役の座はリーマン積分からルベーグ積分に移行したが，初学者にも理解しやすいリーマン積分の概念は，今日でもその意義を失ってはいない．

本付録では，まずリーマン積分可能な関数のクラスを明確に特徴づけ，そのひとつの系として，区分的に連続な関数がリーマン積分可能であることを示す．これにより，『微分と積分1』で証明ぬきに述べられた基本事項(定理3.20)の証明が完了する．次に，有界変動関数に関するスティルチェス積分について論じる．これにより，本書の§2.1(c)で扱った線積分の存在が厳密な形で証明されるとともに，線積分というものをより一般的にとらえる視点が提供される．

(a) リーマン積分

$f(x)$ を区間 $[a,b]$ 上で定義された有界な実数値関数とする．区間 $[a,b]$ の勝手な有限分割

$$\Delta\colon\ a=x_0<x_1<\cdots<x_N=b$$

に対し，

$$\overline{S}_\Delta = \sum_{k=1}^{N} M_k \cdot (x_k - x_{k-1}),$$

$$\underline{S}_\Delta = \sum_{k=1}^{N} m_k \cdot (x_k - x_{k-1})$$

とおく．ただし

$$M_k = \sup_{x_{k-1} \leqq x \leqq x_k} f(x), \quad m_k = \inf_{x_{k-1} \leqq x \leqq x_k} f(x)$$

である．

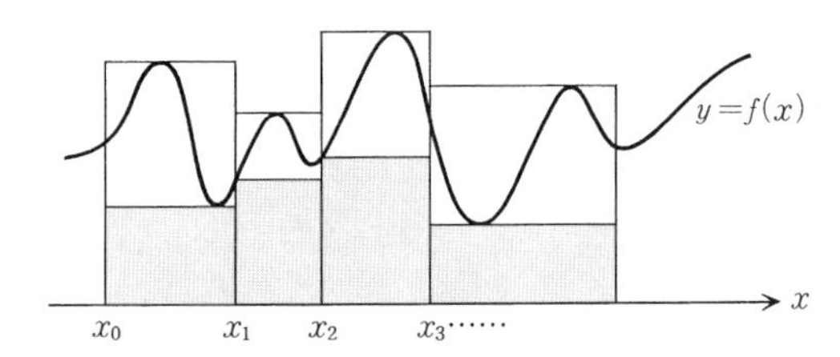

図 A. 1　陰影部の面積が $\underline{S}_\Delta$ を表し，これに上部の矩形領域の面積を加えたものが $\overline{S}_\Delta$ を表す．

さて，区間 $[a,b]$ のあらゆる分割の仕方を考え，それについての $\overline{S}_\Delta$ の値の下限をとったものを**リーマン上積分**(Riemann upper integral)，$\underline{S}_\Delta$ の値の上限をとったものを**リーマン下積分**(Riemann lower integral)と呼ぶ．すなわち

$$\overline{\int_a^b} f(x)dx = \inf_{\Delta \in \mathcal{P}} \overline{S}_\Delta \quad \text{……リーマン上積分,} \tag{A. 1}$$

$$\underline{\int_a^b} f(x)dx = \sup_{\Delta \in \mathcal{P}} \underline{S}_\Delta \quad \text{……リーマン下積分.} \tag{A. 2}$$

ここで $\mathcal{P}$ は区間 $[a,b]$ の有限分割全体の集合を表す．

$$\overline{\int_a^b} f(x)dx = \underline{\int_a^b} f(x)dx$$

のとき，関数 $f(x)$ は区間 $[a,b]$ 上で**リーマン積分可能**(integrable in the sense of Riemann)といい，この値を $\int_a^b f(x)dx$ と表す．

ここまでは『微分と積分 1』に述べられていることだが，上積分や下積分の定義が‘区間のあらゆる分割の仕方’に関する下限や上限という形で与えられているため，直観的にわかりにくいと感じる読者も少なくないだろう．これを直観的にもう少しわかりやすい形に述べ直すこともできる．

命題 A.1（ダルブー(Darboux)の定理）　$\mathrm{mesh}(\Delta)\to 0$ のとき，$\overline{S}_\Delta$ および $\underline{S}_\Delta$ は収束し，

$$\lim_{\mathrm{mesh}(\Delta)\to 0}\overline{S}_\Delta=\overline{\int_a^b} f(x)dx,\quad \lim_{\mathrm{mesh}(\Delta)\to 0}\underline{S}_\Delta=\underline{\int_a^b} f(x)dx. \tag{A.3}$$

ただしここで，$\mathrm{mesh}(\Delta)=\max_{1\leqq k\leqq N}(x_k-x_{k-1})$．　□

この定理の証明は，曲線の長さに関する定理 2.1 の証明と(細部の議論は異なるが)同様の考え方で行なえるので割愛する．

読者の中には，リーマン上積分や下積分の定義を，なぜ初めから直観的にわかりやすい式(A.3)で与えないのか不思議に感ずる向きもあるかもしれない．しかし(A.3)の左辺の極限が存在するかどうかは証明を経て初めてわかることであり，これをいきなり定義にすると，論理的明快さをかえって損なうのである．

さて，分割 Δ: $a=x_0<x_1<\cdots<x_N=b$ が与えられたとき，各部分区間 $[x_{k-1},x_k]$ から勝手な点 ξ_k を選んで作った和

$$\sum_{k=1}^{N} f(\xi_k)(x_k-x_{k-1})$$

を**ダルブーの和**(Darboux's sum)あるいは**リーマンの和**(Riemann's sum)と呼ぶ．点 ξ_k の選び方によらずつねに

$$\underline{S}_\Delta \leqq \sum_{k=1}^{N} f(\xi_k)(x_k-x_{k-1}) \leqq \overline{S}_\Delta$$

が成り立つから，$f(x)$ がリーマン積分可能なら，そのダルブーの和は $\mathrm{mesh}(\Delta)\to 0$ のとき定積分 $\int_a^b f(x)dx$ に収束する．

次の定理は，積分可能な関数のクラスを特徴づけるものであり，リーマン

積分の世界の広がりを示すと同時に，その限界(とくにルベーグ積分と比較して)を明らかにしている．なお，この定理の理解にはルベーグ測度論の一般的知識は必要でなく，定理2.29の前で定義した‘ルベーグ測度0の集合’の概念だけで十分であることを注意しておく．

定理 A.2　区間 $[a,b]$ 上で定義された有界な関数 $f(x)$ がリーマン積分可能であるための必要十分条件は，$f(x)$ の不連続点の全体がルベーグ測度0の集合をなすことである．

[証明]　紙数に余裕がないので，必要性を示すにとどめる．

各 $x_0 \in [a,b]$ に対し

$$M(x_0) = \lim_{\delta \to 0} \sup_{|y-x_0|<\delta} f(y),$$

$$m(x_0) = \lim_{\delta \to 0} \inf_{|y-x_0|<\delta} f(y)$$

とおく．$M(x_0) \geqq f(x_0) \geqq m(x_0)$ が成り立つのは明らかであり，また，$f(x)$ が点 $x=x_0$ で連続であることと，$M(x_0)=m(x_0)$ となることは同値である．いま，自然数 $n=1,2,3,\cdots$ に対し，区間 $[a,b]$ の部分集合 A_n を

$$A_n = \left\{ x \in [a,b] \,\middle|\, M(x)-m(x) \geqq \frac{1}{n} \right\}$$

で定義する．$A_1 \subset A_2 \subset A_3 \subset \cdots$ であり，また，

$$A = \lim_{n\to\infty} A_n \ \left(= \bigcup_{n=1}^{\infty} A_n \right)$$

は $f(x)$ の不連続点全体の集合に一致する．さらに，各 A_n が閉集合(したがってコンパクト集合)であることも容易に確かめられる．

さて，$f(x)$ がリーマン積分可能と仮定して，A がルベーグ測度0の集合であることを示そう．そのためには，各 A_n がルベーグ測度0の集合であることを示せばよい(この部分の主張は，演習問題2.5と同様の議論で正当化できる)．以下，自然数 n を1つ固定しておく．さて，任意の正の数 ε に対し，

$$0 \leqq \overline{S}_\Delta - \underline{S}_\Delta < \varepsilon$$

を満たす分割 Δ: $a=x_0<x_1<\cdots<x_N=b$ が存在する．部分区間 $I_k=[x_{k-1}, x_k]$ $(k=1,2,\cdots,N)$ のうち，A_n の点を内点として含むものを $I_{k_1}, I_{k_2}, \cdots, I_{k_m}$

とおく．すると

$$A_n \subset \bigcup_{j=1}^{m} I_{k_j} \tag{A.4}$$

が成り立つ．また，I_{k_j} の内部に A_n の点が含まれることから $M_{k_j}-m_{k_j} \geqq 1/n$ となるので，

$$\overline{S}_\Delta - \underline{S}_\Delta = \sum_{k=1}^{N}(M_k - m_k)|I_k| \geqq \frac{1}{n}\sum_{j=1}^{m}|I_{k_j}|$$

が成り立つ．これより

$$\sum_{j=1}^{m}|I_{k_j}| < n\varepsilon \tag{A.5}$$

を得る．式(A.4), (A.5)および ε が任意に小さくとれることから，A_n がルベーグ測度0の集合であることがわかる．よって先に述べたことから，A もルベーグ測度0の集合である．∎

例 A.3　区分的に連続な関数は，有限個の点を除いて連続だから，定理A.2よりリーマン積分可能である．□

例 A.4　区間 [0,1] 上の関数 $f(x)$ を

$$f(x) = \begin{cases} 1 & (x\text{ が有理数のとき}) \\ 0 & (x\text{ が無理数のとき}) \end{cases}$$

と定めると，[0,1] 上のすべての点が $f(x)$ の不連続点となるから，$f(x)$ はリーマン積分可能でない．一方，この関数はルベーグ積分可能で $\int_0^1 f(x)dx = 0$ となることが知られている．□

例 A.5　区間 [0,1] 上の関数 $f(x)$ を

$$f(x) = \begin{cases} \dfrac{1}{p} & \left(x = \dfrac{q}{p}\text{ と既約分数で表されるとき}\right) \\ 0 & (x\text{ が無理数のとき}) \end{cases}$$

と定義する．(ただし $f(0)=f(1)=0$ とする．) $f(x)$ の不連続点の全体は $0<x<1$ の範囲の有理数の集合に一致する．これはルベーグ測度0の集合だか

ら(演習問題2.5参照)，$f(x)$ はリーマン積分可能である． □

(b) 有界変動関数

区間 $[a,b]$ 上で定義された有界な実数値関数 $g(x)$ が与えられているとする．$[a,b]$ の分割

$$\Delta\colon\ a = x_0 < x_1 < \cdots < x_N = b$$

に対し，

$$V_\Delta(g) = \sum_{k=1}^{N} |g(x_k) - g(x_{k-1})|$$

なる量を定義する．分割の仕方をいろいろ変えたときのこの量の上限，すなわち

$$V(g) = \sup_{\Delta \in \mathcal{P}} V_\Delta(g)$$

を区間 $[a,b]$ における $g(x)$ の**全変動**(total variation)という．また，$V(g) < \infty$ を満たす関数を，区間 $[a,b]$ 上の**有界変動関数**(function of bounded variation)と呼ぶ．

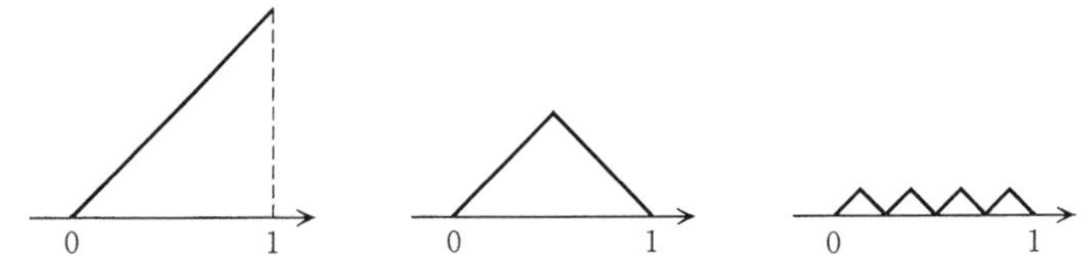

図A.2　図に示した関数の区間 $[0,1]$ 上での全変動は，すべて1に等しい．

有界変動性は，曲線の長さに関連してジョルダン(C. Jordan)が導入した概念である．ここでは触れないが，他にもさまざまな応用が知られている．

命題A.6　$g(x)$ が連続かつ区分的 C^1 級の関数なら，

$$V(g) = \int_a^b |g'(x)|dx\,.$$

□

上記命題の証明は，第2章の定理2.3の証明とほとんど同じであるので割

愛する.

例 A.7　以下の関数は，区間 $[0,1]$ 上で有界変動である.

(a) $f(x)=\begin{cases} 1 & \left(0 \leqq x < \dfrac{1}{2}\right) \\ 0 & \left(\dfrac{1}{2} \leqq x \leqq 1\right) \end{cases}$

(b) $f(x)=\begin{cases} x^2 \sin \dfrac{1}{x} & (x>0) \\ 0 & (x=0) \end{cases}$ □

例 A.8　以下の関数は，区間 $[0,1]$ 上で有界変動でない.

(a) $f(x)=\begin{cases} 1 & (x\text{が有理数のとき}) \\ 0 & (x\text{が無理数のとき}) \end{cases}$

(b) $f(x)=\begin{cases} x \sin \dfrac{1}{x} & (x>0) \\ 0 & (x=0) \end{cases}$ □

例 A.9　平面上の連続曲線 Γ のパラメータ表示を

$$(x,y)=(\varphi(t),\psi(t)), \quad a \leqq t \leqq b$$

とする. Γ が長さ有限であることと，$\varphi(t),\psi(t)$ がいずれも $[a,b]$ 上で有界変動であることとは同値である. □

(c)　スティルチェス積分

$f(x),g(x)$ を区間 $[a,b]$ 上で定義された有界な実数値関数とする. $[a,b]$ の分割

$$\Delta\colon\ a=x_0<x_1<\cdots<x_N=b$$

に対し，(a)で与えたダルブーの和と同様の和

$$\sum_{k=1}^{N} f(\xi_k)(g(x_k)-g(x_{k-1}))$$

を考える. ここで ξ_k は区間 $[x_{k-1},x_k]$ 上の勝手な点である. 点 ξ_k の選び方にかかわらず，$\mathrm{mesh}(\Delta)\to 0$ のとき上の和が特定の値に収束するとき，その極

限値を

$$\int_a^b f(x)dg(x) \tag{A.6}$$

と表して，$f(x)$ の $g(x)$ に関する**リーマン–スティルチェス積分**(Riemann-Stieltjes integral)または単に**スティルチェス積分**(Stieltjes integral)と呼ぶ. 通常のリーマン積分は，$g(x)=x$ という特別の場合に他ならない.

定理 A.10　$g(x)$ が有界変動で，$f(x)$ が連続なら，スティルチェス積分(A.6)は存在する.

[証明]　分割 Δ: $a=x_0<x_1<\cdots<x_N=b$ に対し

$$M_k = \sup_{x_{k-1}\leqq x\leqq x_k} f(x), \quad m_k = \inf_{x_{k-1}\leqq x\leqq x_k} f(x)$$

とおき,

$$\overline{S}_{g,\Delta} = \sum_{k=1}^N \widetilde{M}_k\cdot(g(x_k)-g(x_{k-1})),$$

$$\underline{S}_{g,\Delta} = \sum_{k=1}^N \widetilde{m}_k\cdot(g(x_k)-g(x_{k-1}))$$

と定める．ここで

$$(\widetilde{M}_k,\widetilde{m}_k) = \begin{cases} (M_k, m_k) & (g(x_k)\geqq g(x_{k-1})\text{ のとき}) \\ (m_k, M_k) & (g(x_k)< g(x_{k-1})\text{ のとき}) \end{cases}$$

である．容易にわかるように以下が成り立つ.

$$\underline{S}_{g,\Delta} \leqq \sum_{k=1}^N f(\xi_k)(g(x_k)-g(x_{k-1})) \leqq \overline{S}_{g,\Delta}.$$

よってスティルチェス積分(A.6)の存在を示すには，$\overline{S}_{g,\Delta}$ と $\underline{S}_{g,\Delta}$ が mesh(Δ) $\to 0$ のとき同一の値に収束することをいえばよい．さて,

$$\begin{aligned}\overline{S}_{g,\Delta}-\underline{S}_{g,\Delta} &\leqq \sum_{k=1}^N |M_k-m_k|\,|g(x_k)-g(x_{k-1})| \\ &\leqq \max_k |M_k-m_k| \sum_{k=1}^N |g(x_k)-g(x_{k-1})|\end{aligned}$$

$$\leqq \max_k |M_k - m_k| V(g)\,.$$

$f(x)$ は区間 $[a,b]$ 上で一様連続だから，mesh$(\Delta)\to 0$ のとき $\max_k |M_k - m_k| \to 0$ となる．よって，

$$\lim_{\mathrm{mesh}(\Delta)\to 0} (\overline{S}_{g,\Delta} - \underline{S}_{g,\Delta}) = 0\,.$$

この事実と，ダルブーの定理(命題 A.1)の前半に相当する命題(その証明は読者にゆだねる)から，

$$\lim_{\mathrm{mesh}(\Delta)\to 0} \overline{S}_{g,\Delta} = \lim_{\mathrm{mesh}(\Delta)\to 0} \underline{S}_{g,\Delta}$$

が導かれる． ∎

注意 A.11 上の証明を少し変更すれば，$g(x)$ が連続で $f(x)$ が有界変動であっても，スティルチェス積分(A.6)が存在することが示される．

系 A.12 連続関数はリーマン積分可能である．

[証明] $g(x)\equiv x$ とすればよい． ∎

系 A.13 Γ を xy 平面上の長さ有限な曲線，$f(x,y)$ を連続関数とすると，線積分

$$\int_\Gamma f(x,y)dx, \quad \int_\Gamma f(x,y)dy$$

が存在する．

[証明] 線積分の定義(2.14)から，

$$\int_\Gamma f(x,y)dx = \int_a^b f(\varphi(t),\psi(t))d\varphi(t),$$

$$\int_\Gamma f(x,y)dy = \int_a^b f(\varphi(t),\psi(t))d\psi(t)$$

となるのは明らか．よって定理 A.10 が適用できる． ∎

この他，一般に不等式

$$\int_a^b f(x)dg(x) \leqq \sup_{a \leqq x \leqq b} |f(x)| \cdot V(g) \tag{A.7}$$

や，部分積分の公式

$$\int_a^b f(x)dg(x) = -\int_a^b g(x)df(x) \tag{A.8}$$

も有用である．証明は難しくないので読者にゆだねる．

付録 B 距離と位相

第3章で学んだように，極限や収束の概念は，実数やユークリッド空間の世界にとどまらず，関数や曲線の集合体に対しても適用可能であり，たとえば変分問題の解の存在証明などに大いに役立った．関数や曲線の集合体の性質は,「距離空間」という普遍的枠組みの中で論じると，さらに見通しよく把握できる．本付録では，距離空間についての簡単な解説を行なう．

(a) 距離空間

我々が日常的にもつ「空間」の観念には，奥行きとか遠近感が備わっている．これは2次元空間である平面の場合も同様で，地図を広げてみると，A 地点と B 地点は互いに近いが，A 地点と C 地点はかなり離れている，といったことがただちに見て取れる．空間から遠近感を完全に排除すれば，あとには無意味な点の集まりが残るだけである．逆にいえば，もともと無意味な点の集合体であっても，そこに遠近関係を測る適切な尺度が導入されれば，幾何学的な「空間」と呼ぶにふさわしい対象となりうるわけである．たとえば関数の集合や図形の集合，場合によっては方程式の集合などを，一種の「空間」ととらえることも可能になる．

さて，集合 X 内の任意の2要素 x, y に対し，実数 $d(x,y) \geqq 0$ が対応づけられていて，以下の性質をもつとする．このとき，$d(x,y)$ を X 上の**距離関数**(distance function)あるいは**距離**(metric)という．

(D1)　$d(x,y) = d(y,x) \quad (x, y \in X)$,

(D2)　$x \neq y$ のとき $d(x,y) > 0$，$x = y$ のとき $d(x,y) = 0$,

(D3)　$d(x,z) \leqq d(x,y)+d(y,z)$　$(x,y,z \in X)$　(**3 角不等式**).

距離関数が定義された集合を**距離空間**(metric space)と呼ぶ．また，上記の性質(D1),(D2),(D3)を**距離の公理**と呼ぶ．X が距離空間であれば，通常その各要素を**点**と呼び，$d(x,y)$ の値を点 x から点 y への**距離**(distance)という．

注意 B.1　距離空間 X における距離関数が d であることを，とくに明示したい場合は，「距離空間 (X,d)」という書き方をすることがある．複数の距離空間を扱う場合や，同一の集合 X に異なる距離の入れ方をする場合などには，とくに便利である．

例 B.2　実数 x,y に対して $d(x,y)=|x-y|$ とおくと，これは実数の集合 $\mathbb{R}$ の上の距離関数である．この距離の導入によって得られる距離空間が，ふだん我々が「数直線」と呼んでいるものに対応する．　□

例 B.3　より一般に，n 次元数ベクトル全体の集合 $\mathbb{R}^n$ は，**ユークリッドの距離** $d(x,y)=|x-y|$ に関して距離空間をなす．これを n 次元ユークリッド空間と呼ぶ．ユークリッドの距離が距離の公理(D1),(D2),(D3)を満たすのは容易に示される．とくに公理(D3)は，3 角形の 2 辺の長さの和が残りの 1 辺の長さより大きいことを表している．　□

例 B.4　S を曲面とする．S 上の任意の 2 点 P,Q に対し，P,Q を端点とする連続曲線の全体を X_{PQ} とおき，

$$d(P,Q)=\inf_{\gamma \in X_{PQ}} l(\gamma)$$

と定めると，$d(P,Q)$ は S 上の距離関数になる．ここで $l(\gamma)$ は弧長を表す．これを**測地距離**(geodesic distance)という．　□

距離空間 X 内の点列 $x_1,x_2,x_3,\cdots$ が点 x_∞ に**収束する**とは，

$$\lim_{m \to \infty} d(x_m,x_\infty)=0 \qquad \text{(B.1)}$$

が成り立つことをいう．これを式

$$\lim_{m \to \infty} x_m = x_\infty$$

で表す．点 x_∞ を点列 $\{x_m\}_{m=1}^{\infty}$ の**極限**または**極限点**という．

連続的に変化する量の極限も，ユークリッド空間 $\mathbb{R}^n$ の場合と同様に定義できる．距離空間 X から距離空間 Y への写像 f が点 $x=a$ で**連続**(continuous)であるとは，

$$\lim_{x\to a} f(x) = f(a)$$

が成り立つことをいう．上式は，どれだけ小さな正の数 ε に対しても，$\delta>0$ を十分小さく選ぶと

$$d_X(x,a)<\delta \implies d_Y(f(x),f(a))<\varepsilon \tag{B.2}$$

が成り立つようにできることと同値である．定義域上のあらゆる点で連続な写像を**連続写像**と呼ぶ．この他，一般の距離空間における**開集合**や**閉集合**の概念も，$\mathbb{R}^n$ の場合とまったく同じように定義される．

(b)　ノルム空間

距離空間の中でもとりわけ重要なクラスとして，ノルム空間と呼ばれるものがある．これは，要するに線形空間の構造をもつ距離空間である．

線形空間 X の各点 x に実数 $\|x\|$ が対応づけられていて，これが次の条件を満たすとき，$\|\cdot\|$ を X 上の**ノルム**(norm)という．ノルムの与えられた線形空間を**ノルム空間**(normed space)と呼ぶ．

(N1)　$\|x\| \geqq 0$　(非負性)，

(N2)　$\|x\|=0 \Longleftrightarrow x=0$，

(N3)　任意のスカラー λ に対し $\|\lambda x\|=|\lambda|\,\|x\|$　(同次性)，

(N4)　$\|x+y\| \leqq \|x\|+\|y\|$　$(x,y\in X)$　(**3角不等式**)．

ノルム空間は，2点 x,y の間の距離を $\|x-y\|$ と定めることで，距離空間となる．これは，距離空間の中でもとりわけ重要なクラスをなす．ノルム空間の代表例は，先ほど述べたユークリッド空間である．この他，多くの関数空間がノルム空間になる．

例 B.5(連続関数の空間)　$C[a,b]$ を閉区間 $[a,b]$ 上で定義された連続関数全体のなす線形空間とする．$C[a,b]$ の要素 f に対して

$$\|f\| = \max_{a \leqq x \leqq b} |f(x)| \tag{B.3}$$

と定めると，これはノルムの公理(N1)–(N4)を満たす．このノルムによって $C[a,b]$ はノルム空間になる．また，この空間の(線形空間としての)次元は無限大である．なぜなら，$1, x, x^2, x^3, \cdots$ はいずれも $C[a,b]$ に属し，しかも1次独立であることが容易に確かめられるからである．このノルム空間内の点列(すなわち関数列) $f_1, f_2, f_3, \cdots$ が g に収束することと，$f_k(x)$ が $g(x)$ に一様収束することは同値である． □

例 B.6　線形空間 $C[a,b]$ に上とは別のノルムを入れることもできる．たとえば

$$\|f\|_1 = \int_a^b |f(x)|dx \tag{B.4}$$

と定めると，これがノルムの公理を満たすことは容易に確かめられる．いま，$a=0,\ b=1$ として，関数列 $f_k(x) = x^k\ (k=1,2,3,\cdots)$ を考えると，

$$\|f_k\|_1 \to 0 \quad (k \to \infty)$$

となるから f_k はこのノルムの定める距離に関して0に収束するが，一方，例B.5のノルムを $\|\cdot\|_\infty$ と表すと，

$$\|f_k\|_\infty = 1 \quad (k = 1,2,3,\cdots)$$

が成り立つので，このノルムの定める距離に関しては，f_k と0は一定の距離を保っている．このように，ノルムの定め方によって関数列の収束の様子が大きく異なることがわかる．したがって，関数列の収束を論じる際には，どのようなノルムを用いているかをはっきりさせる必要がある．とくに断らない限り，空間 $C[a,b]$ には例B.5で与えたノルム(先ほどの記号では $\|\cdot\|_\infty$)を入れるのが通例である． □

(c)　距離空間の完備性

第3章で述べたように，数直線 $\mathbb{R}$ 上の任意のコーシー列は収束する．この性質は「実数の完備性」と呼ばれ，数直線がとぎれのない連続体であることに深く関わる性質である．完備性の概念は，そのまま一般の距離空間に広げ

ることができる.

距離空間 X が**完備**(complete)であるとは，X 上の任意のコーシー列が収束することをいう．完備なノルム空間を**バナッハ空間**(Banach space)と呼ぶ.

例 B.7　連続関数の空間 $C[a,b]$ は完備である．なぜなら，もし $f_1, f_2, f_3, \cdots$ がコーシー列であったとすると，各 $x_0 \in [a,b]$ を固定するごとに $\{f_k(x_0)\}$ は $\mathbb{R}$ 上のコーシー列となる．よって極限値

$$\lim_{k\to\infty} f_k(x_0)$$

が存在する．これを $f(x_0)$ とおくと，f は区間 $[a,b]$ 上の関数を定める．しかも関数列 f_k が g に一様収束することもノルムの定義から明らかである．しかるに連続関数の一様収束極限は再び連続だから，$g \in C[a,b]$．よって列 f_k は，$C[a,b]$ 内で収束する．　□

例 B.8　空間 $C[0,1]$ に例 B.6 で定めたノルム $\|\cdot\|_1$ を入れたノルム空間を X_1 とおこう．この空間は完備にならない．なぜなら，たとえば関数列

$$f_k(x) = \frac{1}{\sqrt{\left|x - \frac{1}{2}\right| + \frac{1}{k}}}$$

はコーシー列だが X_1 内で収束しない．なぜなら $f_k(x)$ は関数 $\dfrac{1}{\sqrt{|x-1/2|}}$ にノルム $\|\cdot\|_1$ に関して収束するが，この極限関数は連続ではないので，空間 X_1 に属さないからである．ところで，有理数の世界を拡張して完備な実数の世界が構成できるように，空間 X_1 を拡張して完備な距離空間を作ることができる．しかしその空間がどのようなものであるかを説明するにはルベーグ積分論の知識が必要であるので，ここでは深入りしない．　□

さて，第1章で与えた縮小写像の原理は，そのまま完備距離空間に拡張できる.

定理 B.9（縮小写像の原理）　X を完備距離空間とし，F を X からそれ自身への写像で,

$$d(F(x), F(y)) \leqq \mu d(x,y)$$

を満たすものとする．ここで μ は $0 \leqq \mu < 1$ なる定数である．このとき，第

1 章の定理 1.14 の結論がそのまま成り立つ. □

証明は定理 1.14 とまったく同じようにできるので省く. この定理の応用は, 積分方程式や微分方程式をはじめ数多い. ここでは基本的な例を 1 つ掲げておこう.

例 B.10 線形常微分方程式に対する初期値問題

$$\begin{cases} \dfrac{du}{dt} = Au \\ u(0) = \alpha \end{cases} \tag{B.5}$$

を考える. ここで $u(t)$ は n 次元ベクトル値関数であり, A は n 次正方行列とする. また, α は n 次元定ベクトルである. 上の問題は, 次のような積分方程式に書き替えられる.

$$u(t) = \alpha + \int_0^t Au(s)\,ds\,. \tag{B.6}$$

いま, $T>0$ を適当に固定し, 関数空間 $C[0,T]$ の中で方程式(B.6)の解を求めよう. もし解が存在するとすれば $u(0)=\alpha$ を満たさねばならないから, 解は $C[0,T]$ の部分集合

$$X = \{w \in C[0,T] \mid w(0) = \alpha\}$$

の中で見つかるはずである. さて, 関数 $w \in X$ に関数

$$\alpha + \int_0^t Aw(s)\,ds$$

を対応させる写像を F とおくと, これは X から X の中への写像であり,

$$\begin{aligned} \|F(v)-F(w)\|_\infty &\leqq \sup_{0\leqq t\leqq T} \int_0^t |A(v(s)-w(s))|ds \\ &\leqq T\|A\| \sup_{0\leqq t\leqq T} |v(t)-w(t)| \\ &= T\|A\|\,\|v-w\|_\infty \end{aligned}$$

が成り立つ. よって, あらかじめ $T\|A\|<1$ となるように T を小さくとっておけば, F は X 上の縮小写像になるので, 不動点が存在する. この不動点

が，はじめの初期値問題の解である．(少なくとも，$0 \leqq t \leqq 1/\|A\|$ の範囲で定義される解である.) しかもこの解は，§1.3(d)で説明した反復法で求められる．具体的には，はじめに X の勝手な点 u_0 をとり(たとえば $u_0=\alpha$ とするのが手っ取り早い)，これに写像 F を繰り返し施して関数列

$$u_0,\ F(u_0),\ F^2(u_0),\ F^3(u_0),\ \cdots$$

を構成し，極限をとればよい．こうして得られる近似解の列を具体的に書き下すと，以下のようになる．

$$\alpha,\ (I+tA)\alpha,\ \left(I+tA+\frac{t^2}{2}A^2\right)\alpha,\ \left(I+tA+\frac{t^2}{2}A^2+\frac{t^3}{6}A^3\right)\alpha,\ \cdots.$$

これと，真の解 $e^{tA}\alpha$ を比較してみよう．なお，ここで述べた方法は，もっと一般の常微分方程式に対する初期値問題にも応用できる． □

この他，完備な距離空間においてはベール(Baire)の**カテゴリー定理**と呼ばれる重要な定理が成り立ち，その応用は広範な分野に及んでいるが，詳細は関数解析学の専門書を参照されたい．

(d) コンパクト性

コンパクト性の概念は，完備性に劣らず非常に重要である．これについて解説しよう．

まず，§2.2と§3.3で述べた「被覆」の概念の復習から始めよう．距離空間 X の部分集合の族 $\{V_\lambda\}_{\lambda\in\Lambda}$ が部分集合 K の**被覆**(covering)であるとは，

$$K \subset \bigcup_{\lambda\in\Lambda} V_\lambda$$

が成り立つことをいう．各 V_λ が開集合なら，これをとくに**開被覆**(open covering)と呼ぶ．

さて，距離空間 X の部分集合 K が**コンパクト**(compact)であるとは，K の任意の開被覆 $\{V_\lambda\}_{\lambda\in\Lambda}$ に対し，この中から有限個の要素 $V_{\lambda_1}, V_{\lambda_2}, \cdots, V_{\lambda_m}$ を選び出して K を被覆できることをいう．

次に，K が**点列コンパクト**(sequentially compact)であるとは，K 内の任

意の点列 $\{x_m\}_{m=1}^{\infty}$ が，K 内の点に収束する部分列をもつことをいう．

第3章で与えたボルツァーノ–ワイエルシュトラスの定理(正確には系3.41)は，$\mathbb{R}^n$ の有界閉集合が点列コンパクトであることを述べたものに他ならない．また，ハイネ–ボレルの定理(定理3.43)は，$\mathbb{R}^n$ の有界閉集合がコンパクトであることを述べたものである．実はもっと一般に次の定理が成り立つ(証明は省略する)．

定理 B.11 距離空間の部分集合がコンパクトであることと，点列コンパクトであることとは同値である． □

X の部分集合 K が**相対コンパクト**(relatively compact)であるとは，K の閉包がコンパクト集合になることをいう．たとえば $\mathbb{R}^n$ においては，相対コンパクト性と有界性は同値である．アスコリ–アルツェラの定理(定理3.64)は，領域 D 上の連続関数の空間 $C(D)$ の部分集合(すなわち連続関数の族)が相対コンパクトであるための条件を述べたものである．たとえ $C(D)$ のように無限次元の距離空間であっても，コンパクトあるいは相対コンパクト集合は非常によい性質を有しており，点列の収束に関してかなり強い結果が導き出せる．このため，与えられた関数空間においてどのような集合がコンパクトになるかを知っておくことは大切であり，その知識がさまざまな解析に役立つ．§3.6で扱った古典的変分問題も，まさしくこのような視点から解の存在が論じられていることが，議論を注意深く読み直せばわかるだろう．

付録 C
複雑な図形の次元

点は 0 次元，直線や曲線は 1 次元，平面や曲面は 2 次元の図形である．また，我々が住んでいるこの世界は 3 次元空間である．このような次元についての認識はすでに古代から存在し，例えば紀元前 3 世紀のユークリッドの『原論』には，次のように書かれている．

「点とは部分をもたないものである．線とは幅のない長さである．面とは長さと幅のみをもつものである．立体とは長さと幅と高さをもつものである．」

我々は，正方形と立方体がさまざまな類似点を有しながらもその幾何学的性質が大きく異なることを知っている．円と球面についても同様である．一般に，図形の次元は，その図形の性質を知る上での重要な指標となる．しかしながら，理論上考えうる図形の中には，一見したところ何次元の図形であるのか判然としないほど複雑なものも存在する．昔の人たちはそのように複雑な図形を幾何学や解析学の対象とは考えなかったが，19 世紀から 20 世紀にかけて数学が高度に発達し，体系化されるにつれ，極度に複雑な図形にも次第に関心の眼が向けられるようになった．さらに，最近になってカオスやフラクタルの理論が自然界の複雑な現象を理解する上での有効な数学的枠組みとして注目されるようになり，応用上の観点からも複雑な図形を扱う数学の意義が高まっている．本付録では，次元の概念を拡張する 2 つの異なった方法――被覆次元とハウスドルフ次元――を紹介し，「次元」という不思議な指標のもつ意味を多角的な視点からとらえることにする．

(a) 次元の異なる特徴づけ

平面全体を正方形または長方形のタイルで敷き詰めることを考えよう．タイルは互いに重なることなく，かつ隙間なく並んでいるものとする．どのようにタイルを並べても，3つのタイルが1点で出会う箇所が必ずどこかに存在することは容易にわかる．しかしタイルをうまく並べれば，4つのタイルが1点で出会うことのないようにできる(図 C.1)．

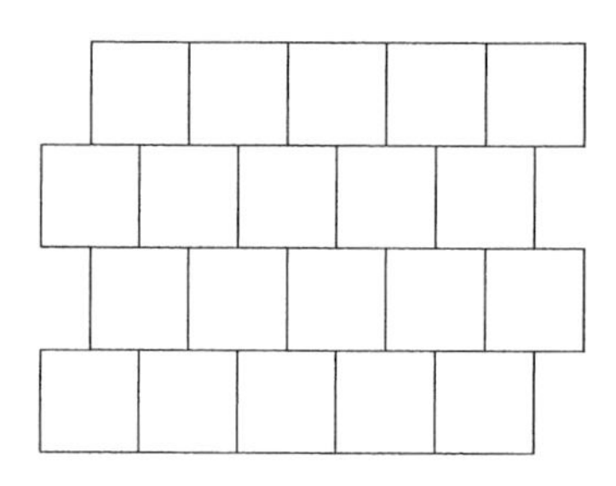

図 C.1　正方形タイルの敷き詰め方

同様に，3次元の空間を互いに重ならない立方体や直方体のブロックで敷き詰めると，4つのブロックが1点で出会う箇所は必ず存在するが，うまくブロックを配置すれば，5つのブロックが1点で出会うことのないようにできる．この事実を一般化して，以下の命題が成立する．

命題 C.1　n 次元ユークリッド空間 $\mathbb{R}^n$ を，互いに重ならない n 次元立方体や直方体のブロックによって隙間なく埋めつくすとする．どのような並べ方をしても，$n+1$ 個のブロックが1点で出会う箇所が必ず存在する．しかし，$n+2$ 個のブロックが1点で出会うことのないような配置は可能である．□

この命題の証明は省略する．命題 C.1 は，ブロックやタイルの敷き詰め方が空間の次元にどのように影響されるかを述べたものであり，次元の特徴をユークリッドの『原論』とはやや違う形で端的にとらえている．この考え方を推し進め，被覆という観点から一般図形の次元を定めたものが，次節で述べる「被覆次元」である．

さて今度は,「計量」という側面から次元を考えてみよう．正方形や円などの平面図形を λ 倍に相似拡大すると，その面積は λ^2 倍になる．これに対し，立体図形を λ 倍に相似拡大すると，その体積は λ^3 倍になる．この違いは，面積が2次元的計量，体積が3次元的計量であることに起因する．一般に，n 次元図形を λ 倍に相似拡大すると，その n 次元体積は λ^n 倍になる．

いま，K_n を1辺の長さが1の n 次元立方体とする．すなわち，K_1 は長さ1の線分，K_2 は正方形，K_3 は通常の立方体である．表C.1から見てとれるように，n 次元立方体の「大きさ」は，n 次元的計量で測った場合にのみ意味のある値となり，n より小さな次元の計量で測ると ∞，n より大きな次元の計量で測ると0になる．このような性質を，もっと一般の図形の次元を決定するのに利用できないだろうか？

表C.1　n 次元立方体の「大きさ」

	K_1	K_2	K_3
長さ	1	∞	∞
面積	0	1	∞
体積	0	0	1

本付録の後半で述べるハウスドルフ次元は，上のような考え方に沿って，計量という側面から次元の概念を特徴づけたものである．その際，前掲の整数次元の計量だけでなく，非整数次元の計量も用いて図形の「大きさ」を測るところに際立った特色がある．これにより，非常に複雑な図形の次元も詳しく測定することが原理的に可能となる．

(b)　被覆次元

距離空間 X が与えられているとし，S を X 内の点集合とする．さて，開集合による S の任意の有限被覆 $\{G_1, G_2, \cdots, G_m\}$ に対して次のような開集合 $H_1, H_2, \cdots, H_m$ を見つけることができるとき，S の次元は n 以下であるという．

(a)　$H_k \subset G_k$ $(k=1,2,\cdots,m)$ かつ $S \subset \bigcup_{k=1}^{m} H_k$,

(b)　$\{H_1, H_2, \cdots, H_m\}$ の中から相異なる $n+2$ 個の集合を任意に選ぶと，その共通部分は空集合になる．

このような性質をもつ整数 $n \geqq 0$ のうち最小のものを S の**被覆次元**あるいは**ルベーグ次元**と呼び，$\dim S = n$ と表す．一方，上の条件を満たす整数 n が存在しないときは，S の次元は無限大であるといい，$\dim S = \infty$ と表す．こうして定義した次元の概念は，古典的な次元の観念を，より広いクラスの図形に拡張するものである．

なお，一般に被覆次元について以下の事実が成り立つ．

命題 C.2　$A \subset B$ なら $\dim A \leqq \dim B$.　□

命題 C.3　点集合 S が高々可算個の閉集合 $F_1, F_2, F_3, \cdots$ の合併集合で表されるならば

$$\dim S = \sup_k \dim F_k\,.$$

□

注意 C.4　被覆次元の大きな特徴は，これが位相不変量であることである．したがって，ある図形を引き伸ばしたり曲げたりしても次元は変わらない．しかもこの変形は，必ずしも滑らか(微分同相)である必要はない．

(c)　ハウスドルフ測度と次元

19世紀末から20世紀初頭にかけて複雑な微細構造をもつ図形の研究が進められ，ハウスドルフ次元をはじめとする重要な諸概念が導入された．しかしそうした複雑な構造に対する関心は，その後長らく数学の特定の分野に限定されていた．1970年代になって，ベルギー出身の数学者マンデルブロー(B. B. Mandelbrot)は，自然界に数多くの複雑な微細構造が見いだされることを指摘し，こうした現象を理解する新しいパラダイムとしてフラクタル数学なるものを提唱した．これを契機に，複雑な微細構造をもつ図形の研究の重要性を見直す気運が数学の内外に広まった．

「ハウスドルフ次元」は，1919年にハウスドルフ(F. Hausdorff)によって導入され，その後ベシコビッチ(A. S. Besicovitch)によって整備された概念

で，今日知られている種々の非整数次元の中でも最も歴史が古く，かつ最も重要視されているものである．

いま，S を空間 $\mathbb{R}^n$ 内の任意の図形とし，S を直径 δ 以下の n 次元球の列 $B_1, B_2, B_3, \cdots$ で被覆する．（ちなみに，$n=2$ の場合は B_k は円板，$n=1$ の場合は線分になる．）B_k は空集合でもよく，その場合は B_k の直径 $\mathrm{diam}(B_k)$ は 0 とする．このような被覆の全体について $\sum_k (\mathrm{diam}(B_k))^\alpha$ という量の下限をとったものを $\mathcal{H}_{\alpha,\delta}(S)$ とおく．すなわち，

$$\mathcal{H}_{\alpha,\delta}(S) = \inf_{\substack{\mathrm{diam}(B_k)<\delta \\ \bigcup B_k \supset \Gamma}} \sum_{k=1}^{\infty} (\mathrm{diam}(B_k))^\alpha$$

と定義する．δ を小さくしていくと，被覆 $\{B_k\}$ に対する制限が強くなるから，$\mathcal{H}_{\alpha,\delta}(S)$ の値は単調に増大する．よって極限値

$$\lim_{\delta\to 0} \mathcal{H}_{\alpha,\delta}(S)$$

が存在し，非負の実数または ∞ の値をとる．これを記号 $\mathcal{H}_\alpha(S)$ で表し，図形 S の α 次元**ハウスドルフ外測度**(Hausdorff outer measure)と呼ぶ．

注意 C.5　ハウスドルフ外測度を定義する際，被覆に用いる B_k を円板や球に限定せず，任意の図形とする流儀もある．むしろそちらの方が本来の定義の仕方である．その際，図形 B_k の「直径」とは次の量を意味する．

$$\mathrm{diam}(B_k) = \sup_{x,y\in B_k} |x-y|.$$

例えば 1 辺 a の正 3 角形の直径は a である．このように定義を修正すると，$\mathcal{H}_{\alpha,\delta}(S)$ や $\mathcal{H}_\alpha(S)$ の値は若干小さくなりうるが，後述のハウスドルフ次元の値にはまったく影響がない．そこで本書では，直観的にわかりやすい円板や球による被覆を用いた．

注意 C.6　測度論を学んだことのある読者には，外測度の概念はなじみが深いであろう．一般に「外測度」とは，次の性質をもつ集合関数を指す．

$$\mathcal{M}\left(\bigcup_{k=1}^{\infty} D_k\right) \leqq \sum_{k=1}^{\infty} \mathcal{M}(D_k).$$

（ちなみに $\mathcal{H}_\alpha$ がこの性質を有することは，すぐに確かめられる．）外測度が与えられると，それに応じて「可測集合」(measurable sets)と呼ばれる $\mathbb{R}^n$ の部分集合のクラスが定まる．外測度を可測集合のクラスに制限したものは「測度」(measure)

の性質を有している(第2章の囲み記事「ルベーグ測度」参照). 詳しい説明は省くが，本書で実際に扱う図形はすべて$\mathcal{H}_\alpha$に関して可測集合になるから，はじめから$\mathcal{H}_\alpha$を「測度」と見なしても何ら差し支えない. そこで，以下では$\mathcal{H}_\alpha$をハウスドルフ測度(Hausdorff measure)と呼ぶことにする.

命題 C.7　平面上の点集合Sをλ倍(ただし$\lambda>0$)に相似拡大したものをλSと表すと，任意の$\alpha \geqq 0$に対して次が成り立つ.

$$\mathcal{H}_\alpha(\lambda S) = \lambda^\alpha \mathcal{H}_\alpha(S). \tag{C.1}$$

［証明］　$\mathrm{diam}(\lambda B_k)^\alpha = \lambda^\alpha \mathrm{diam}(B_k)^\alpha$から容易に導かれる. ∎

上述の(C.1)と，長さの性質(2.11)および面積の性質(2.26)とを対比すれば，ハウスドルフ測度$\mathcal{H}_\alpha(S)$が「α次元量」と呼ぶにふさわしい量であることがわかるだろう. とくに$\alpha=n$のときには，ハウスドルフ測度は定数倍の違いを除いて$\mathbb{R}^n$上の「ルベーグ測度」(第2章の囲み記事参照)に一致することが示される.

ハウスドルフ測度に関する次の性質は，次元を定義する鍵となる.

命題 C.8　空間$\mathbb{R}^n$内の点集合Sに対し，以下を満たす実数$\alpha_0 \geqq 0$が存在する.

$$\mathcal{H}_\alpha(S) = \begin{cases} \infty & (0 \leqq \alpha < \alpha_0) \\ 0 & (\alpha > \alpha_0) \end{cases} \tag{C.2}$$

［証明］　$\mathrm{diam}(B) \leqq \delta$であれば，任意の$0 \leqq \alpha < \beta$に対して

$$\mathrm{diam}(B)^\beta \leqq \delta^{\beta-\alpha}\,\mathrm{diam}(B)^\alpha$$

が成り立つ. これより，

$$\mathcal{H}_{\beta,\delta}(S) \leqq \delta^{\beta-\alpha}\mathcal{H}_{\alpha,\delta}(S).$$

ここで$\delta \to 0$とすれば，以下が得られる.

$$\mathcal{H}_\alpha(S) < \infty \implies \mathcal{H}_\beta(S) = 0, \tag{C.3}$$

$$\mathcal{H}_\beta(S) > 0 \implies \mathcal{H}_\alpha(S) = \infty. \tag{C.4}$$

よって$\alpha_0 = \inf\{\alpha > 0 \mid \mathcal{H}_\alpha(S) = 0\}$とおけば，(C.2)が成り立つ. ∎

上述の α_0 を S の**ハウスドルフ次元**(Hausdorff dimension)と呼ぶ．本書ではこれを $\dim_H S$ という記号で表す．ハウスドルフ次元に対し命題C.2, C.3と同様の結果が成り立つことは，測度の性質からすぐわかる．また，

$$0 < \mathcal{H}_\alpha(S) < \infty \implies \dim_H S = \alpha \tag{C.5}$$

が成り立つのも明らかである．なお，逆向きの矢印は必ずしも成り立たないが，きれいな自己相似構造(後述の例参照)をもつ多くの図形においては逆が成り立つことが知られている．

さて，次の定理が示すように，1次元ハウスドルフ測度 $\mathcal{H}_1$ と長さの概念は完全に同等である．(正確には前者が後者の拡張概念である．)

定理C.9　連続曲線 Γ に対し，$\mathcal{H}_1(\Gamma)=l(\Gamma)$ が成り立つ．したがって，とくに Γ が長さ有限の曲線なら，

$$\dim_H \Gamma = 1\,. \tag{C.6}$$

また，Γ が局所的に長さ有限の場合(注意2.7参照)も上式が成り立つ．

［証明］　最後の部分だけ証明しよう．Γ が局所的に長さ有限なら，これを可算個の長さ有限の曲線 $\Gamma_1, \Gamma_2, \Gamma_3, \cdots$ の合併集合として表すことができる．よって外測度の性質(注意C.6)から

$$\mathcal{H}_\alpha(\Gamma) = \mathcal{H}_\alpha\Big(\bigcup_{k=1}^{\infty} \Gamma_k\Big) \leqq \sum_{k=1}^{\infty} \mathcal{H}_\alpha(\Gamma_k)\,.$$

さて，任意の $\alpha>1$ に対して上式右辺 $=0$．よって $\mathcal{H}_\alpha(\Gamma)=0\ (\forall\alpha>1)$．これより $\dim_H \Gamma \leqq 1$ が成り立つ．逆向きの不等式は包含関係 $\Gamma \supset \Gamma_k$ および $\dim_H \Gamma_k = 1$ より明らかである．∎

例えば直線や放物線などは，局所的に長さが有限だから，ハウスドルフ次元は1である．しかし曲線 Γ が局所的に長さ有限でない場合，その次元は1より大きくなりうる．いくつか例をあげよう．

例C.10

(1)　コッホ曲線(図C.2(a))

1904年にコッホ(H. von Koch)が発表したこの曲線は，いかなる微小部分の長さも無限大であり，また，いたるところで微分不可能という，ニュートン

やライプニッツの時代には想像もできなかった性質をもつ「怪物」である．この曲線は次の手順で構成される．まず，図C.2(a)の左端の正3角形の各辺(その長さをaとする)を，長さ$a/3$の4本の線分からなる折れ線で置き換えると左から2番目の図形ができる．次にこの図形の各辺に同様の変形をほどこす．この操作を繰り返していった極限の図形がコッホ曲線である．

この曲線のハウスドルフ次元は，次のようにして推定できる．まず，この閉曲線は互いに合同な3つの曲線に分解できるので，その1つをΓとおく(最初の正3角形の1辺から生成される部分だけに注目し，それをΓとおけばよい)．Γの形状をよく観察すると，Γを$\dfrac{1}{3}$倍に相似縮小した4つの部分$\Gamma_1, \Gamma_2, \Gamma_3, \Gamma_4$に分解されることがわかる．これより任意の$\alpha \geqq 0$に対し

$$\mathcal{H}_\alpha(\Gamma) = \mathcal{H}_\alpha(\Gamma_1) + \mathcal{H}_\alpha(\Gamma_2) + \mathcal{H}_\alpha(\Gamma_3) + \mathcal{H}_\alpha(\Gamma_4) = 4\mathcal{H}_\alpha\left(\frac{1}{3}\Gamma\right) = \frac{4}{3^\alpha}\mathcal{H}_\alpha(\Gamma)$$

が成り立つ．さて，Γのハウスドルフ次元がβであるとすると，$\alpha=\beta$の場合に$0<\mathcal{H}_\alpha(\Gamma)<\infty$が成り立つことが期待される((C.5)に続く注意参照)．そこで$0<\mathcal{H}_\beta(\Gamma)<\infty$を仮定すると，上式から$1=4/3^\beta$が得られ，

$$\dim_H \Gamma = \beta = \frac{\log 4}{\log 3} \approx 1.2618\cdots$$

となることがわかる．次に，Γの次元とコッホ曲線全体Kの次元が等しいことは$\mathcal{H}_\beta(K)=3\mathcal{H}_\beta(\Gamma)$より明らかである．

なお，上のΓのように，部分の中に全体を縮小した構造がそのまま観察される図形を**自己相似図形**と呼ぶ．

(2)　方形コッホ曲線(図C.2(b))

この曲線は，先ほどのコッホ曲線の変形版である．前例と同じ方法で計算すると，関係式$1=8/4^\beta$が得られ，これより次元は$\beta=1.5$となる．なお，この曲線で囲まれる領域を「4進的コッホ島」，先ほどの曲線で囲まれる領域を「3進的コッホ島」と呼ぶことがある．

(3)　ブラウン運動の軌跡(図C.2(c))

ブラウン運動とは1827年にイギリスの植物学者ブラウン(R. Brown)が水中に浮かべた花粉を顕微鏡で観察中に偶然発見した微粒子の不規則な細動であ

る．この細動は水分子の熱運動で引き起こされるが，自然界にはこれに似た不規則な運動は数多く存在する．20 世紀初頭にアインシュタイン(A. Einstein)らによってそのメカニズムが明らかにされ，その後数学的に厳密な定式化がウィーナー(N. Wiener)によって得られた．数学の分野で「ブラウン運動」といえば，ウィーナーが定式化したモデルを指す．ブラウン運動する粒子の軌跡は非常に複雑である．そのハウスドルフ次元は一般に 2 に等しいことが知られている．

この他，曲線以外にも，次元が厳密に計算できる図形は数多くある．次の例はよく知られている．

（4） シェルピンスキーの鏃(やじり)(図 C.2(d))

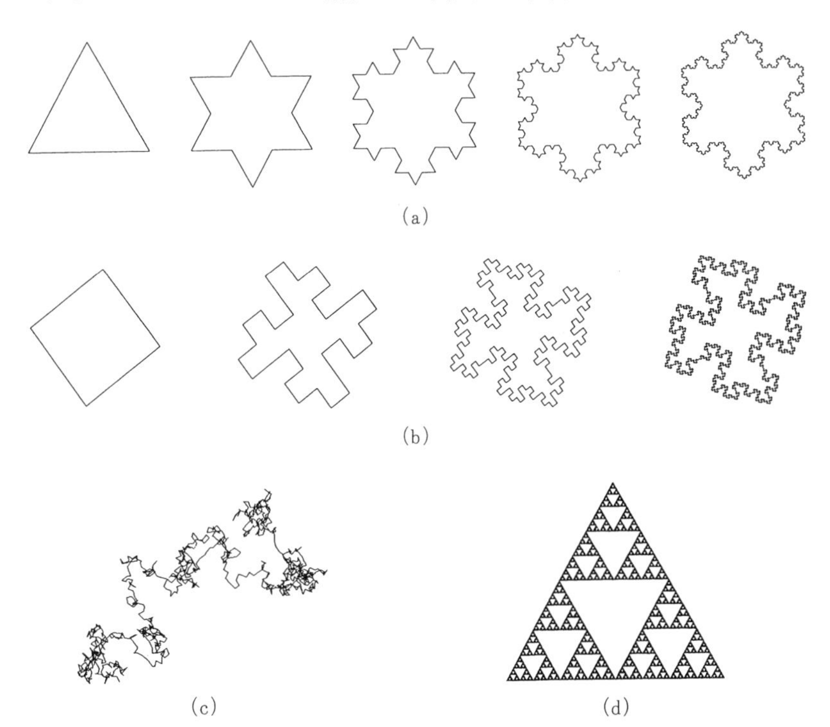

図 C.2 (a) コッホ曲線とその作り方 (b) 方形コッホ曲線とその作り方 (c) ブラウン運動の軌跡 (d) シェルピンスキーの鏃

この図形は，正3角形領域から，内接する逆正3角形領域を次々と取り除いていった極限として得られる．その次元はコッホ曲線と同じ方法で計算できる．具体的には，関係式 $1 = 3/2^{\beta}$ より $\beta = \log 3/\log 2 \approx 1.5849\cdots$ を得る．□

現代数学への展望

微積分は，連続的に変化する量を，微視的あるいは巨視的スケールで解析する強力な手法である．連続的に変化する量という発想は，当然のことながら，連続的に広がる時間や空間の観念から派生する．古代から現代に至るまでに時間や空間についての人間の理解はさまざまに変遷したが，時間や空間が連続的に広がるものであるという基本的な認識はこれまでのところ変わっていない．

17 世紀に微分積分法が登場し，人間は連続的変化量を体系的に扱う方法を見出した．しかし連続量を扱う際に必要な極限の概念がきちんと確立されたのは 19 世紀に入ってからであり，さらには連続量の本質を規定する実数の明確な定義がなされたのは，ようやく 19 世紀末のことであった．その実数論の研究を通して生まれたカントールの集合論は，20 世紀の数学思想の形成に大きな影響を及ぼした．

カントールは連続体である実数の性質を研究する過程で，実数全体の集合 $\mathbb{R}$ の表す「無限」が自然数全体の集合 $\mathbb{N}$ の表す「無限」より真に「大きな」無限であることを見出した．今日流にいえば，可算無限と連続体無限の違いを発見したわけである．このように大きな無限を大胆に実在として認める集合論の姿勢にクロネッカーなどから痛烈な批判が浴びせられたが，結局，集合論の思想は 20 世紀数学の基盤として，広く受け入れられていった．また，それに伴い，限られた認識能力しか持たない人間が「無限」という超越的対象を比較的自由に操ることを可能にする「選択公理」が現代数学の標準的公理系の中に取り込まれた．（第 2 章の囲み記事「バナッハ–タルスキーの逆理」参照．）現代数学がここまで「無限」に大胆になった背景には，微分積分法の論理的正当化という難題に取り組んだ先人たちの奮闘の歴史があることを忘れてはならない．微分積分法を受け入れたことで開けられたパンドラの匣(はこ)から飛び出した「無限」,「極限」,「連続性」といった怪物を人類が手なずけるのに優に2世紀以上の年月を要したのであり，その過程を経て集合論に基礎をおく現代数学の性格が形成されていったのである.

19世紀末にひと通りの基礎づけが完成した解析学は，20世紀に入って大きな発展を遂げた．古来の面積や体積の概念を大幅に進化させた測度論(第2章の囲み記事「ルベーグ測度」参照)，無限次元の関数空間の性質を研究する関数解析学(付録B参照)などは，いずれもこの飛躍的発展を支える基盤となった．また，近年ではカオスやフラクタルのような複雑な対象の数理理論が，自然界の諸現象を理解するための新しいパラダイムとして定着しつつある(付録C参照).

さて，はじめに述べたように，微分積分法は連続体の上で展開される解析理論である．しかし，日常的には連続体としてとらえられている水や空気がミクロスケールで見れば離散的な分子の集合体であるように，時間や空間もまた，ミクロスケールでは連続体でないことが将来明らかになるかもしれない．さらには，古くから人間が抱いてきた連続体の観念そのものが，実体のない幻影であったと断ぜられるかもしれない．そうなれば，これはあくまで筆者の私見であるが，現代数学における無限の概念も，何らかの見直しを迫られる可能性は否定できない.

しかしその一方で，連続体の観念に先人たちが執着したおかげで微分積分法が生まれ，その後の数学や自然科学・工学全般に飛躍的進歩がもたらされたのもまた事実である．そうした点を考えると，連続体という幻影(?)が数学の発展の歴史の中で果たした役割やその哲学的意味が，後世の数学史家や哲学者の恰好の研究テーマとなるかもしれない.

今後，解析学はどのような方向に発展するのか予見は難しいが，仮に現在の連続体の概念に代わる解析学の新しい枠組みが登場しても，連続体の世界の中で生まれた解析学上の思想や方法論の多くは，貴重な財産として次の時代に引き継がれ，新しい芽を育てる養土となるであろう.

参 考 書

微分積分法やそれに関連する教科書は数え切れないほど出版されている．ここではほんの一部だけ掲げる．

1. 高木貞治，解析概論(改訂第3版)，岩波書店，1983.

この本が最初に書かれたのは1938年であるが，数多くの微積分法の入門書の中で，今日でも名著としての輝きを失っていない．

2. E. T. Whittaker and G. N. Watson, *A course of modern analysis*, 4th ed., Cambridge Univ. Press, 1935.

この本も，入門書レベルの古典的名著として，世界的に知られている．

3. 溝畑茂，数学解析(上・下)，朝倉書店，1973.

微積分の入門から始まって，やや高度な話題にいたるまで，きわめて明晰な語り口で述べられている．

4. 志賀浩二，微分・積分30講，朝倉書店，1987.

この本は，啓蒙的読み物としての側面と教科書としての側面を併せ持っており，微分や積分の真髄を語りかけてくれる．

次に，本書の第3章で扱った変分法に関する参考書を掲げる．

5. John L. Troutman, *Variational calculus and optimal control*, Springer, 1995.

豊富な例と歴史的背景説明を盛り込んだ変分問題の入門書．

6. R. Courant, and D. Hilbert, *Methods of mathematical physics 1,2*, Interscience Publishers, 1953 (英語版原著は1953，ドイツ語版原著は1938)．(邦訳) 齋藤利弥監訳，数理物理学の方法(全4巻)，東京図書，1962.

古典的名著として名高い本である．変分法の他に，固有値問題や偏微分方程式の入門書としても役立つ．題材の扱い方はやや古いスタイルであるが，より現代的にスマートに書かれた本よりも，解析学の真髄が身近に伝わってくる感がある．

本書の付録Cで取り上げた複雑な図形に関する参考書も掲げておこう．今後こうした複雑図形の解析が重要性を増すものと私は考える．

7. B. B. Mandelbrot, *The fractal geometry of nature*, W. H. Freeman and Company, 1983. (邦訳) 広中平祐訳，フラクタル幾何学，日経サイエンス社，1985.

フラクタル理論の創始者であるマンデルブローによる，豊富な図を含んだ解説書.

8. K. J. Falconer, *The fractal geometry*, John Wiley & Sons, 1990.

マンデルブローの本が一般向け啓蒙書であるのに対し，こちらはしっかりした数学的内容がこめられており，かつ読みやすい.

問 解 答

第1章

問2 $g(x)=f(x)-x$ とおくと，これもまた奇数次の多項式である．よって $g(x)\to-\infty$ $(x\to-\infty)$ かつ $g(x)\to+\infty$ $(x\to+\infty)$ が成り立つか，または $g(x)\to+\infty$ $(x\to-\infty)$ かつ $g(x)\to-\infty$ $(x\to+\infty)$ が成り立つ．いずれの場合も，連続関数の中間値の定理から，$g(x)=0$ を満たす x の存在が示される．

問3 $g(x)=f(x)-x$ とおくと，$g(x)\to+\infty$ $(x\to-\infty)$ かつ $g(x)\to-\infty$ $(x\to+\infty)$．連続関数の中間値の定理により，$g(x)=0$ を満たす x が存在する．

問4 k 番目の項で打ち切った有限連分数(第 k 近似分数)を a_k とおくと，$a_{k+1}=1+1/a_k$ が成り立つから，例題1.16より，数列 $\{a_k\}$ は収束する．よって問の連分数は収束する．その極限値を α とおくと，$\alpha=1+1/\alpha$．これより $\alpha=(1+\sqrt{5})/2$．

問5 $f(x)=\exp(-x)$ とおくと，$f^3(\mathbb{R})=(e^{-1},1)$．よって数列 $\{a_k\}$ の a_3 以降の項は区間 $(e^{-1},1)$ に含まれる．$e^{-1}\leqq x\leqq 1$ の範囲で $-e^{-e^{-1}}\leqq f'(x)\leqq -e^{-1}$ だから，例題1.16と同様の議論を用いて収束が示される．

問6 $f(x)=1+1/x$ とおくと，$f^2(x)=2-1/(x+1)$．よって $(f^2(x))'=1/(x+1)^2$．これと命題1.12より，f^2 は区間 $[1,\infty)$ の上の縮小写像である．

問7 $F(x,y,z)=\sqrt{x^2+y^2}-(e^z+e^{-z})/2$ とおくと，$F_z=(e^{-z}-e^z)/2$．よって $z\neq 0$ のとき $F_z(x,y,z)\neq 0$．

問8 ヤコビアンは $2(x^2-y^2)$ ゆえ，臨界点の全体は2本の直線 $y=\pm x$．よって臨界値は2本の半直線 $y=\pm x/2$ 上に分布する．これより，f の値域はこの2本の半直線を境界とする閉領域であると推測されるが，この推測が正しいことは，「相加平均 $\geqq$ 相乗平均」の公式を用いても確かめられる．

問9 いずれの場合も f の最大値は原点で達成される．原点で $\mathrm{grad}\, f(0)=(0,0,1)$ であり，$\mathrm{grad}\, g(0)=(0,0,0)$, $\mathrm{grad}\, g_k(0)=(1,0,0)$ $(k=1,2)$ である．よって(1.19)は成り立たない．

問10

$$f'(x)=\frac{dy}{d\theta}\Big/\frac{dx}{d\theta}=\frac{\sin\theta}{1-\cos\theta}\,.$$

これより

$$1+(f'(x))^2=\frac{2}{1-\cos\theta}=\frac{2R}{f(x)}.$$

第2章

問1　$\Gamma\neq AB$ とする．Γ の点で，線分 AB 上にないものを1つ選び，P とおく．すると点 A,P,B は Γ の分割を与えるから，$\overline{AP}+\overline{PB}\leqq l(\Gamma)$．一方，$P$ は AB 上にないから $\overline{AP}+\overline{PB}>\overline{AB}$．これより $\overline{AB}<l(\Gamma)$．

問2　Γ の分割 Δ の分点を $P_1,P_2,\cdots,P_N$ とおくと

$$\overline{P_kP_{k+1}}=|\varphi(t_{k+1})-\varphi(t_k)|\leqq|\varphi_1(t_{k+1})-\varphi_1(t_k)|+|\varphi_2(t_{k+1})-\varphi_2(t_k)|.$$

この両辺を $k=0,1,\cdots,N-1$ について足し合わせると，φ_1,φ_2 の単調性から $|\Gamma_\Delta|\leqq|\varphi_1(b)-\varphi_1(a)|+|\varphi_2(b)-\varphi_2(a)|$．ここで左辺の Δ についての上限をとれば所期の結論が得られる．

問3　(1) 8．(2) $f(b)-f(a)$（ただし $f(x)=(e^{\alpha x}-e^{-\alpha x})/(2\alpha)$）．

問4　定理2.3より明らかである．

問5　Γ の助変数表示を $x=\varphi(t),\ y=\psi(t)\ (a\leqq t\leqq b)$ とすると，定理2.16より，求める積分値は

$$\int_a^b\frac{\varphi\varphi'+\psi\psi'}{\varphi^2+\psi^2}\,dt=\Big[\log\sqrt{\varphi^2+\psi^2}\Big]_{t=a}^{t=b}.$$

この値は点 A,B の座標にのみ依存する．

問6　境界 Γ の円板による被覆が与えられたとすると，各円板に外接する正方形を考えれば，Γ の正方形領域による被覆が得られる．しかもこの正方形の面積の総和は，もとの円板の面積の総和の $4/\pi$ 倍にとどまる．このことから，本問で与えた条件がジョルダンの意味で面積確定であるための十分条件であることがすぐにわかる．逆にこれが必要条件であることを見るには，円と正方形の立場を逆にして同じように考えればよい．

問7　直線 γ を幅1の線分 $I_k\ (k=1,2,3,\cdots)$ に分割し，各線分 I_k を幅1，高さ ε/k^2 の矩形 R_k で覆う．すると $\{R_k\}$ は直線全体を被覆し，

$$\sum_{k=1}^{\infty}|R_k|=\sum_{k=1}^{\infty}\frac{\varepsilon}{k^2}=\frac{\varepsilon\pi^2}{6}.$$

ここで ε はいくらでも小さくできるから，γ は零集合である．

問 8　3π.

問 11　例題 2.39 より，$\varGamma$ が単位円の場合に計算すれば十分である．$x=\cos\theta$, $y=\sin\theta$ とおくと，求める積分値 2π を得る．

問 12　$\displaystyle\int_a^b (u(x)v''(x)+u'(x)v'(x))dx = u(b)v'(b)-u(a)v'(a)$.

問 13　グリーンの定理より，

$$\iint_D |\mathrm{grad}\, u|^2 dxdy = 0$$

が得られる．よって D 上で $\partial u/\partial x = \partial u/\partial y = 0$. これより $u(x,y)=C$（定数）．一方 $\varGamma$ 上で $u=0$ だから，$C=0$.

問 14　極限値は $2\pi rh$. この値は S の面積に等しい．

問 15　$V=u\,\mathrm{grad}\, v$ とおいてガウスの発散定理を適用する．

第 3 章

問 1　第 n 近似分数（$\cdots a_{n-1}+\dfrac{1}{a_n}$ で終わる有限連分数）を b_n とおくと，$a_0 \leqq b_n \leqq a_0+\dfrac{1}{a_1}$ $(n=1,2,\cdots)$ が成り立つから，$\{b_n\}$ は有界な数列である．さらに，

$$b_1 > b_3 > b_5 > \cdots, \quad b_2 < b_4 < b_6 < \cdots$$

が成り立つことも容易にわかるから，数列 $\{b_{2m+1}\}$ および $\{b_{2m}\}$ はそれぞれ収束する．その極限値をそれぞれ β, γ とおく．$\beta=\gamma$ を示せばよい．（後略）

問 2　上極限の値は 1. 数列 $\{kx\}_{k=1}^{\infty}$ の適当な部分列が，2π の整数倍にいくらでも近づくことを示せばよい．x/π が有理数である場合と無理数である場合に場合分けし，例 3.39(2),(3)を用いよ．

問 3　$\displaystyle\lim_{m\to\infty}\lim_{n\to\infty} a_{mn} = \lim_{n\to\infty}\lim_{m\to\infty} a_{mn} = 0$ は明らか．一方，p, q を勝手な自然数とすると $\displaystyle\lim_{k\to\infty} a_{(kp)(kq)} = \frac{pq}{p^2+q^2}$. この値は p, q の選び方に依存するから $\displaystyle\lim_{m,n\to\infty} a_{mn}$ は存在しない．

問 4　下半連続性より，$\displaystyle\varliminf_{x\to a} f_k(x) \geqq f_k(a)$. これと $f_k(x) \leqq f(x)$ より

$$\varliminf_{x\to a} f(x) \geqq f_k(a).$$

ここで k について右辺の上限をとればよい．

問 5　$x_k=\sqrt{2k\pi}$, $y_k=\sqrt{(2k+1)\pi}$ $(k=1,2,3,\cdots)$ とおくと，$f(x_k)=1$, $f(y_k)=-1$, かつ $k\to\infty$ のとき $y_k-x_k\to 0$. よって一様連続でない．

問6　はじめの級数の部分和を s_n とおくと，$s_n=\log n+O(1)$．これに命題3.24を適用すればよい．

問8　級数の積を形式的に展開して得られる2重級数

$$\sum_{k,l=1}^{\infty}(a_kc_l\cos kx\cos lx+a_kd_l\cos kx\sin lx+b_kc_l\sin kx\cos lx+b_kd_l\sin kx\sin lx)$$

は一様絶対収束する．なぜなら

$$\sum_{k,l=1}^{\infty}(|a_kc_l\cos kx\cos lx|+|a_kd_l\cos kx\sin lx|+|b_kc_l\sin kx\cos lx|+|b_kd_l\sin kx\sin lx|)$$
$$\leqq \sum_{k,l=1}^{\infty}(|a_kc_l|+|a_kd_l|+|b_kc_l|+|b_kd_l|) = \sum_{k=1}^{\infty}(|a_k|+|b_k|)\sum_{l=1}^{\infty}(|c_l|+|d_l|)<\infty$$

となるからである．さらに，

$$\cos kx\cos lx=\frac{1}{2}\{\cos(k+l)x+\cos(k-l)x\}$$
$$\cos kx\sin lx=\frac{1}{2}\{\sin(k+l)x-\sin(k-l)x\}$$
$$\sin kx\cos lx=\frac{1}{2}\{\sin(k+l)x+\sin(k-l)x\}$$
$$\sin kx\sin lx=\frac{1}{2}\{-\cos(k+l)x+\cos(k-l)x\}$$

を用いて上の2重級数を変形し，項の順序を並べ替えれば，単一の3角級数が得られる．

問9　R_1, R_2 を例3.52に現れる定数とすると，$|x|<R_1$，$|y|<R_2$ においてベキ級数 $\sum_{k,l}ka_{kl}x^{k-1}y^l$ は広義一様絶対収束する．なぜなら，$0<\mu<1$ なる実数 μ を任意に選ぶと，領域 $D_\mu=\{(x,y)\mid |x|<\mu R_1,\ |y|<\mu R_2\}$ において

$$|ka_{kl}x^{k-1}y^l|\leqq \frac{M}{R_1}k\mu^{k+l-1}$$

(ただし $M=\sup|a_{kl}|R_1^kR_2^l$)であり，かつ

$$\sum_{k,l}\frac{M}{R_1}k\mu^{k+l-1}=\frac{M}{R_1}(1-\mu)^3$$

が成り立つ．よって $\sum Mk\mu^{k+l-1}/R_1$ は領域 D_μ 内で $\sum_{k,l}ka_{kl}x^{k-1}y^l$ の優級数になり，後者の級数が D_μ 内で一様絶対収束することがわかる．しかるに μ はいくらでも1に近くとれるから，結局この級数は領域 $|x|<R_1$，$|y|<R_2$ で広義一様絶対

収束する．よって定理 3.59 より，

$$\frac{\partial}{\partial x}\sum_{k,l=0}^{\infty} a_{kl}x^k y^l = \sum_{k,l=0}^{\infty} k a_{kl} x^{k-1} y^l$$

が成り立つ．y 微分についても同様の公式が得られる．

問 10　$f(x)$ を形式的に項別微分すると

$$f'(x) = \sum k a_k \cos kx, \quad f''(x) = -\sum k^2 a_k \sin kx, \quad \cdots\cdots$$

$$f^{(m)}(x) = \sum k^m a_k \sin\left(kx + \frac{m\pi}{2}\right)$$

が得られる．仮定より，これら m 個の級数は一様絶対収束するから，例題 3.61 の議論が繰り返し適用できる．

問 11　関数列 $\{f_k\}$ が同等連続でないことの証明は省略する．$\{g_k\}$ が同等連続であることは，$|g_k'(x)| = |\cos kx| \leqq 1$ と平均値の定理から導かれる．

問 12　行列のノルムの定義から，$\sup_{x \in B_\delta(x_0)} |T_\alpha x - T_\alpha x_0| = \|T_\alpha\|\delta$ が成り立つ．所期の結論はこれからただちに従う．

問 13　各点有界性を仮定して一様有界性を導けばよい．背理法による．もし一様有界でなかったとすると，$\mathcal{F}$ に属する関数列 $f_1, f_2, f_3, \cdots$ で

$$\sup_{x \in D} |f_k(x)| \to \infty \quad (k \to \infty)$$

を満たすものが存在する．アスコリ–アルツェラの定理と D のコンパクト性より，$f_1, f_2, f_3, \cdots$ の中から D 上で一様収束する部分列が取り出せる．一様収束するから，この部分列は D 上で一様有界でなければならないが，これは上の式より不可能である．

問 14　(1) $\varphi_\varepsilon(x) = \dfrac{\arctan(x/\varepsilon)}{\arctan(1/\varepsilon)}$ とおくと，$\varphi_\varepsilon \in X$ であり，具体的計算より $\varphi_\varepsilon(x) = O(\varepsilon)$ が導かれる．ゆえに $\lim_{\varepsilon \to 0} J[\varphi_\varepsilon] = 0$．一方，$J[\varphi] \geqq 0$ はつねに成り立つから，$\inf_{\varphi \in X} J[\varphi] = 0$．

(2) $J[\varphi] = 0$ を満たす $\varphi \in X$ が存在しないことをいえばよい．$J[\varphi] = 0$ とすると $d\varphi/dx \equiv 0$ となり，$\varphi(x) \equiv$ 定数 でなければならない．すると境界条件 $\varphi(\pm 1) = \pm 1$ が満たされない．

演習問題解答

第1章

1.1 まず，$k \geqq 1$ のとき $a_k > 1$, $b_k > 1$ となることに注意する．平面領域 $\{x \geqq 1,\ y \geqq 1\}$ からそれ自身への写像 $F(x,y) = (1+1/y, 1+1/x)$ を考えると，

$$F^2(x,y) = (2-1/(x+1), 2-1/(y+1))$$

であるから，命題1.12より F^2 は縮小写像．よって定理1.17が適用できる．

1.2 縮小写像の原理からただちに示される．

1.3 $\alpha_k = \angle A_k$, $\beta_k = \angle B_k$, $\gamma_k = \angle C_k$ とおくと，

$$\alpha_{k+1} = (\pi - \alpha_k)/2, \quad \beta_{k+1} = (\pi - \beta_k)/2, \quad \gamma_{k+1} = (\pi - \gamma_k)/2$$

が成り立つ．関数 $(\pi - x)/2$ は $\mathbb{R}$ 上の縮小写像だから，上の3つの数列はいずれも収束する．極限値は方程式 $x = (\pi - x)/2$ の解だから，$\pi/3$．

1.4 A の固有値の絶対値の最大値を $\rho(A)$ とおくと，一般に $\rho(A) = \lim_{m\to\infty} \|A^m\|^{1/m}$ が成り立つことが知られている(『微分と積分2』§2.1参照)．したがって，$\rho(A) < 1$ ならば，十分大きなすべての自然数 m に対して $\|A^m\|^{1/m} < 1$ が成立する．よって $\|A^m\| < 1$．これより f^m が縮小写像であることが容易に示される．

1.5 特異点の座標は $(0,1)$．これは尖点である．

1.6 臨界点の全体は，直線 $x+y=1$．臨界値の全体は，放物線 $2(x+y) = (x-y)^2+1$．

1.7 (解答例) ニュートン–ラフソン法のアルゴリズムは，$x_{k+1} = F(x_k)$，ただし

$$F(x) = \frac{(p-1)x^p + 1}{px^{p-1} + 1}$$

で与えられる．$x > 0$ の範囲で $f'(x) > 0$, $f''(x) > 0$ だから，命題1.42より近似列は収束する．

第2章

2.1 (1) $y = x \cot(x/2a)$．(2) $\overline{OF} : \overline{OE} = 1 : \pi/2$．(3) 一般に，長さがそれぞれ a, b である2本の線分が与えられたとき，この2本を一列に並べてできる線分

を直径とする円を描けば，これを使って長さが $\sqrt{ab}$ の線分が作図できる．この方法を適用すればよい．

2.2　内接 N 角形と外接 N 角形の周長をそれぞれ a_N, b_N とする．$a_N < b_N$ となることは明らかである．また，分点を追加していくと，

$$a_N < a_{N+1} < a_{N+2} < \cdots\cdots < b_{N+2} < b_{N+1} < b_N$$

が成り立つことも，図からすぐに確かめられる．分点をどんどん追加して，内接 N 角形の辺の長さの最大値が 0 に収束するようにすると，曲線の長さの定義から，$a_N \to l(\Gamma)$ が得られる．よって，任意の N に対して $l(\Gamma) < b_N$ が成り立つ．

2.3　積分値は 0．極座標による助変数表示 $x = r(t)\cos\theta(t)$, $y = r(t)\sin\theta(t)$ $(a \leqq t \leqq b)$ を用いれば，次のように変形できる．

$$\int_a^b \cos 3\theta(t) \sin\theta(t)\, d\theta(t).$$

2.4　積分の定義に基づいて直接計算してもよいが，スティルチェス積分を用いると，

$$\int_\Gamma f(x)\, dx = \int_a^b f(\varphi(t)) d\varphi(t) = F(\varphi(b)) - F(\varphi(a))$$

が得られる．ここで F は f の原始関数である．Γ は閉曲線ゆえ，$\varphi(a) = \varphi(b)$．よって右辺$=0$．

2.5　$A = \{a_1, a_2, a_3, \cdots\}$ とする．任意の $\varepsilon > 0$ が与えられたとして，各 $k = 1, 2, 3, \cdots$ に対し，点 a_k を含む矩形 R_k で面積が $\varepsilon/2^k$ より小さいものをとる．すると $R_1, R_2, R_3, \cdots$ は点集合 A の被覆であり，しかも $\sum_{k=1}^{\infty} |R_k| < \varepsilon$．よって A はルベーグ測度 0 である．

2.6　積分曲線 γ で閉曲線であるものが存在したとし，γ で囲まれる領域を D とおく．平面ガウスの定理より，

$$\int_\gamma \boldsymbol{V} \cdot \boldsymbol{n}\, ds = \iint_D \mathrm{div}\, \boldsymbol{V}\, dxdy\,.$$

γ は積分曲線だから $\boldsymbol{V} \cdot \boldsymbol{n} = 0$．よって上式の左辺 $=0$．一方，仮定より右辺 >0．これは矛盾である．

2.7　グリーンの定理(公式(2.56))より，

$$\iiint_D |\mathrm{grad}\ u|^2\, dxdydz = 0\,.$$

よって，いたるところ $|\mathrm{grad}\ u| = 0$．これより u は定数．

第3章

3.1 x を越えない最大整数を記号 $[x]$ で表すことにし，

$$r_n = n\alpha - [n\alpha/\beta]\beta \quad (n = 1, 2, 3, \cdots)$$

とおく．すると $0 \leqq r_n < \beta$ である．ボルツァーノ–ワイエルシュトラスの定理より，点列 $\{r_n\}$ の収束部分列 $r_{n_1}, r_{n_2}, r_{n_3}, \cdots$ が存在する．$q_k = r_{n_{k+1}} - r_{n_k}$ とおくと，

$$q_k \to 0 \quad (k \to \infty)$$

となる．α/β は無理数ゆえ，$q_k = 0$ となることはない．また，

$$f(x+q_k) = f(x+(n_{k+1}-n_k)\alpha) \leqq f(x) \quad (k = 1, 2, 3, \cdots)$$

が成り立つ．もし $\{q_k\}$ の中に正の項が無数にあれば，これと $f(x)$ の連続性から，$f(x)$ が単調非増大関数であることが容易に示される．一方，$\{q_k\}$ の中に負の項が無数にあれば，$f(x)$ は単調非減少関数になる．いずれにせよ，$f(x)$ は単調な関数である．これと $f(x+\beta) \equiv f(x)$ より，$f(x)$ が定数に等しいことがわかる．

3.2 $f(x)$ をヒントで与えた関数とすると，

$$|f(x+\varepsilon) - f(x)| \leqq |e^{in\varepsilon} - 1|$$

となるから $f(x)$ は連続である．また，

$$f(x+\theta) = \inf_{n \geqq 1} |e^{in\theta} - e^{i(x+\theta)}| = \inf_{n \geqq 0} |e^{in\theta} - e^{ix}| \leqq f(x+\theta)$$

であり，さらに $f(x+2\pi) = f(x)$ は明らか．よって前問の結果が適用でき，$f(x)$ は定数であることがわかる．これと $f(\theta) = 0$ より，$f(x) \equiv 0$．

3.3 簡単のため，$n=2$ の場合について示す．(一般の n の場合も同様に議論できる.) まず，平面 $\mathbb{R}^2$ を1辺の長さが1の正方形の区画に分割し，これらの区画の全体に適当に番号をつけて $K_1, K_2, K_3, \cdots$ とする．次に，$\overline{K}_j \cap D \neq \emptyset$ を満たす添え字 j の全体を $j_1 < j_2 < j_3 < \cdots$ とし，各 $\overline{K}_{j_i}$ の中から D に属する点を1つずつ選んで，それを a_{1i} $(i = 1, 2, 3, \cdots)$ とおく．$\{a_{1i}\}$ は有限または無限の項を含む数列である．同様の操作を1辺の長さが $\frac{1}{2}, \frac{1}{4}, \frac{1}{8}, \cdots$ の正方形区画による平面の分割に対して適用すると，D 上の有限または無限点列の系列 $\{a_{2i}\}$, $\{a_{3i}\}$, $\{a_{4i}\}$, $\cdots$ が得られる．これらの点列を1列に並べ替えて得られる点列を a_1, a_2, a_3, $\cdots$ とおくと，これが求める性質を有することが容易に確かめられる．

3.4 もし一様連続でないとすると，正の数 ε_0 と点列 $\{x_k\}$, $\{y_k\}$ で以下を満たすものが存在する．

$$|f(x_k) - f(y_k)| \geqq \varepsilon_0 \ (k = 1, 2, 3, \cdots), \qquad |x_k - y_k| \to 0 \ (k \to \infty).$$

無限遠方で f は0に収束するから，前半の不等式が成り立つためには，点列 $\{x_k\}$

と $\{y_k\}$ はいずれも有界でなければならない．したがって収束部分列が存在する．その極限点を z とおくと，ふたたび上の不等式と f の連続性から $|f(z)-f(z)| \geqq \varepsilon_0$ が得られ，矛盾を生じる．

3.5 極限関数を $f(x)$ とおく．任意の正の数 ε に対し，十分大きな m をとると $\|f_m-f\|<\varepsilon/4$ が成り立つ．このような m を1つ固定する．$f_m(x)$ は一様連続だから，$\delta>0$ を十分小さくとると

$$|x-y|<\delta \quad \Longrightarrow \quad |f_m(x)-f_m(y)|<\varepsilon/2.$$

これと先ほどの不等式から，

$$|x-y|<\delta \quad \Longrightarrow \quad |f(x)-f(y)|<\varepsilon.$$

3.6 a を $\mathbb{R}^n$ 内の任意の点とし，$n-1$ 次元球面 $|x-a|=1$ を S とおく．点 a に収束する任意の点列 $\{x_k\}$ に対し $f(x_k)\to f(a)$ が成り立つことをいえばよい(命題3.5参照)．$\lambda_k=|x_k-a|$ とおいて，点 $y_k, z_k\in S$ を

$$y_k = a+\frac{1}{\lambda_k}(x_k-a), \qquad z_k = x_k-\frac{1}{\lambda_k}(x_k-a)$$

と定める．すると

$$x_k = \lambda_k y_k+(1-\lambda_k)a, \qquad a = \lambda_k z_k+(1-\lambda_k)x_k$$

であり，また十分大きな k に対して $0\leqq\lambda_k\leqq 1$ ゆえ，

$$f(x_k) \leqq \lambda_k f(y_k)+(1-\lambda_k)f(a),$$
$$f(a) \leqq \lambda_k f(z_k)+(1-\lambda_k)f(x_k).$$

これより

$$\frac{1}{1-\lambda_k}f(a)-\frac{\lambda_k}{1-\lambda_k}f(z_k) \leqq f(x_k) \leqq \lambda_k f(y_k)+(1-\lambda_k)f(a).$$

ここで $k\to\infty$ とし，$f(y_k), f(z_k)$ の有界性を用いる．

3.7 (必要性) 任意に点 x およびベクトル $\xi\in\mathbb{R}^n$ を固定し，

$$h(t) = \frac{f(x+t\xi)+f(x-t\xi)}{2}-f(x)$$

とおくと，$h(t)\geqq 0$, $h(0)=0$．よって $h(t)$ は $t=0$ で最小値をとる．ゆえに

$$h''(0) = (\mathrm{Hess}_f(x)\xi,\, \xi) \geqq 0.$$

(十分性) 点 x, y を任意に固定し，区間 $0\leqq\lambda\leqq 1$ 上の関数 g を

$$g(\lambda) = f(\lambda x+(1-\lambda)y)-\lambda f(x)-(1-\lambda)f(y)$$

と定める．すると仮定(3.62)より $g''(\lambda)\geqq 0$ となる．よって $g'(\lambda)$ は単調減少．これより

$$g(\lambda) = \lambda \int_0^1 g'(\lambda t)dt \leqq \lambda \int_0^1 g'(t)dt.$$

しかるに $\int_0^1 g'(t) = g(1) - g(0) = 0$ だから，$g(\lambda) \leqq 0$.

3.8 (1)は直接計算すればただちに得られる．(2)は，上記の(1)の結果と，例題3.61およびそれに続く問の結果から導かれる．

3.9 $J[u]$ の下限を α とおくと，$\alpha \geqq 0$ は明らか．また，うまく関数列 $u_1, u_2, u_3, \cdots$ をとると，$J[u_k] \to 0$ $(k \to 0)$ となるようにできる(詳細は省く)．よって $\alpha = 0$. ところが，$J[u] = 0$ を満たす関数 $u(x)$ は存在しない．なぜなら，$J[u] = 0$ となるためには，$u(x) \equiv 0$ かつ $|du(x)/dx| \equiv 1$ でなければならないが，この両者は両立し得ないからである．

3.10 オイラー方程式は

$$\left(\frac{1}{c(x)} \frac{u'(x)}{\sqrt{1 + (u'(x))^2}} \right) = 0.$$

これより $u'/\sqrt{1+(u')^2} = Kc(x)$($K$ は積分定数)．これに $u' = \tan\theta$ を代入すればよい．

索　引

サ 行

タ 行

ナ 行

ハ 行

マ 行

ヤ 行

ラ 行

ワ 行

保野 博
1952年生まれ
1975年京都大学理学部卒業
現在　東京大学名誉教授，明治大学研究特別教授
専攻　非線形偏微分方程式

現代数学への入門 新装版
現代解析学への誘い

2004年 6 月 8 日　第1刷発行
2005年 11 月 15 日　第2刷発行
2024年 1 月 25 日　新装版第1刷発行

著　者　保野（またの） 博（ひろし）

発行者　坂本政謙

発行所　株式会社 岩波書店
〒101-8002 東京都千代田区一ツ橋 2-5-5
電話案内 03-5210-4000
https://www.iwanami.co.jp/

印刷製本・法令印刷

ISBN978-4-00-029925-1　　Printed in Japan